"未"顧客理解

なぜ、『買ってくれる人＝顧客』
しか見ないのか？

# 為什麼
# 他不跟你
# 買東西

快速拓展客源、提升業績，
第一本理解「未顧客」的
行銷框架與實務

serizawa ren

芹澤 連——著

駱香雅、張嘉芬———譯

「可否請你告訴我，我應該往哪兒走？」

「那就要看你決定去哪裡了？」柴俊貓如此回答。

愛麗絲：「我不在乎去哪兒。」

柴俊貓：「那你往哪兒走都無所謂。」

路易斯·卡羅（Lewis Carroll）

# 本書的整體樣貌和概念整理

## 本書的整體樣貌

 第一章

 第三章

### 策略

- 為什麼必須理解未顧客？
- 和以往的市場行銷有何不同？

第二章 第四章

### 理解未顧客

- 需要理解什麼？
- 應該如何理解？

 第五章

### 品牌的重新詮釋

- 如何落實在對策上？
- 能舉出不同商品和服務的具體案例嗎？

## 概念和用語的整理

- 負二項分配（negative binomial distribution, NBD）

- 雙重危機（double jeopardy）

- 品類進入點（category entry point, CEP）

- NBD狄氏分配模型（NBD-Dirichlet model）、$w(1-b)$模型

- 理解生活脈絡

- 強化學習（reinforcement learning）、動作價值函數（action value function）

- 敘事取向（narrative approach）

- 行為後效（behavior contingency）

- 替代模型（alternate model）

# 前言

假設你在銷售某種商品，對於「購買商品的人」和「不買商品的人」，你會傾聽誰的聲音。我想通常都是選擇「購買者」，也就是傾聽顧客的聲音、分析顧客的數據。很少有生意人會想到「我們來考慮和分析一下那些不購買商品的人吧」。但是，這世上大多數的人都不知道你的商品或服務，或者是即使知道也不感興趣的**「未」顧客們**。

本書就是一本**「為了理解未顧客的書籍」**。這本書以根本不買的非顧客（non user）與偶爾購買的輕度使用者（light user）為主角。本書既不是講述如何培養死忠粉絲和重度使用者（heavy user），也不是談論提高既有顧客的滿意度，增加回購次數，或是推薦商品與服務給他人的書籍。**這本書的目的是幫助你理解那些對你的商品或服務不感興趣的人、至今不曾購買過的人，讓他們願意購買一次。**

雖然書名中含有「理解顧客」一詞，但這並不是闡述「要重視顧客、顧客觀點很重要」這類態度和觀念，也不是介紹「我用這種方法大賺一筆」等成功案例的書籍。這本書的目的是為了開拓新市場和創造使用機會，解說**「如何理解那些不購買商品或服務的人、如何應用於行銷之中並讓消費者願意購買」**的觀點和技巧。

閱讀本書之後，你能夠學習到的是**「在消費者的生活與品牌 \***

---

\*　本書中的品牌係指商品、服務，以及提供商品或服務的企業。

之間建立新接觸點的基本原則」和「藉由重新詮釋現在的品牌，讓更多人產生興趣的架構」，並且將迄今為止已超過百家品牌採用的內容整理在本書當中。

不需要事先具備相關知識或技能。雖然本書有部分內容與數學有關，但由於解說時運用了大量的漫畫和圖表，因此即使是初次接觸市場行銷的新手也能平衡地兼顧理解理論和實踐步驟。我認為那些想要在抽象和具體、科學思維和人文思維之間來回穿梭，並從多元角度理解未顧客的讀者應該可以樂在其中。而只對部分內容感興趣的讀者（例如想要理解資料分析的技巧等），或許也能從閱讀中得到只在本書才能獲得的樂趣。

## 本書的著眼點

本書以各種證據為基礎，介紹理解未顧客的原理原則。不過，我認為這些觀點和想法與大家熟悉的傳統商務中的「理所當然」截然不同。首先試著提出幾個目前存在於商業和市場行銷中的「理所當然」以及與「未顧客觀點」有關的問題。一開始閱讀時，可能會覺得「有悖於直覺」、「無法接受」，但只要繼續往下閱讀，我想你應該會理解持有這種觀點的理由和意義。

**「因為日本整體市場正在萎縮，所以營業額下滑也是無可奈何之事」**

**不是這樣的。**只是你的品牌客群正在縮小而已，會成長的品牌

依舊逆勢成長。明明這個品類的整體市場都在萎縮，只有特定品牌的普及率\*正在增加，你明白這意味著什麼嗎？你能解釋為何會發生這種現象嗎？如何在自己的品牌裡重現這種現象？

## 「只要培養品牌的粉絲並重視忠實顧客，事業就會成長」

**不是這樣的。**不管從理論上還是數據上皆已表明，除了少數的例外，只重視粉絲和忠實顧客並無法提高市占率。舉例來說，即使努力培養顧客，重度使用者可能很快就變成輕度使用者，輕度使用者也可能變成重度使用者，你知道嗎？「只要防止百分之幾的流失即可大幅增加利潤」，這句話只不過是數值的錯誤解讀，你的想法又是如何？二八法則很少奏效，品牌的銷售額中約有一半來自對你的品牌不感興趣的輕度使用者。影響事業成長和市占率的正是那些你平時不曾意識到、也不知道其樣貌的未顧客們。

## 「我們公司是以利基市場取勝，所以獲取新顧客的優先順位並不高」

**不是這樣的。**即使經過許多研究，真正透過利基市場策略實現成長的只有少數幾個品牌而已。許多「自稱利基市場」的品牌，只不過是尚未意識到自家品牌已建立起只有部分客群接受的市場定位而已。但是，你知道要從利基市場獲取新顧客和擴大市場有多麼困

---

\* 在特定期間內至少購買過一次品牌的顧客比率。

難嗎？請將視線轉向占據市場絕大部分的非顧客，而不是少數支撐利基市場的重度使用者，並試著思考「為何他（她）們仍然不購買呢」。企業所認為的顧客價值，對於非顧客來說並非價值所在，所以他們維持不購買的狀態。

## 「即使面對非顧客或輕度使用者，運用 STP* 或人物誌等架構或工具也有效果」

**不是這樣的。**對商品或服務無感與顧客屬性或顧客輪廓（customer profile）無關，所以傳統以人為主軸的市場區隔和目標市場既沒有意義，也無法用來製作人物誌（persona，或稱人物設定，榮格心理學稱為人格面具）。以非顧客和輕度使用者的情況來說，重要的不是他們戴上哪種人格面具，而是理解在面具背後的「陰影」（shadow）。此外，思考的順序不是 S → T → P 而是 P → T → S，用反過來的順序思考才有幫助。話說回來，談到 STP 理論，尤其是市場區隔，是受到許多研究者質疑的概念，你知道嗎？

儘管經常聽到有人說「我們的品牌有別於其他品牌，吸引不同的客群」，但這只是行銷人員的願望，實際上所有競爭品牌的購買者幾乎都是同一批客群，不知道你是否注意到了呢？其實不存在顧客區隔，可能只有購買行為的規律性差異而已。

---

\* STP 分別為市場區隔（segmentation）、目標市場（targeting）、市場定位（positioning）英文的第一個字母。

**「消費者是不合理的。因為人的心理和行為是無意識的，所以既無法理解，更不用說是改變」**

不是這樣的。消費者是合理的。消費者有自己的合理邏輯，只是企業不知道而已。對顧客來說，我們本來就是「毫不相干的外人」。許多在外人眼裡看起來不合理的行為，若置身在「當事人」（顧客）的情境下卻是極為合理的事情。不僅可以理解，也可在某個程度上改變消費者。如果自己無法理解的事情就稱為不合理，那麼我們就誤解了合理之意。

**「像是外資或顧客導向意識較高的企業，或許會致力於理解顧客和顧客體驗，但我們公司的經營高層仍然抱持著昭和年代的產品導向思維，所以這些做法對我們公司來說有點困難」**

**產品導向也無妨。**即使不去勉強模仿採用先進行銷手法的最新案例，也有既能符合日本企業文化和習慣，又能夠理解顧客、創造顧客價值的方法。那就是本書所介紹的內容，以商品為出發點、以服務為出發點，透過**「重新詮釋的技術」**打動對商品和服務無感的顧客。

## 理解顧客，要理解的並不是「人」！？

在談論未顧客之前，我想先簡單地針對「理解顧客」的現況與

課題達成共識。在如今的商業環境中，我們經常聽到從顧客觀點出發的重要性。想必有許多讀者都曾製作過描述顧客屬性和內在特徵（如性別、年齡、價值觀和生活型態等）的「人物誌」或「目標受眾輪廓」。這些都是理解顧客的方法，知道「我們的顧客是這樣的人」。但是，**實際上只要你將理解的焦點放在「人」的身上，就無法以顧客觀點看待事物**。這恐怕就是在理解顧客方面最容易被誤解的一點。因為自始至終都是從「企業的觀點」出發，分析對那個人（顧客）有什麼印象、是具備什麼特徵的人、與其他客群有什麼不同等等，這些都是從相對客觀的角度由上往下俯瞰顧客。這就形成了分析者〔行銷人員（marketer）〕和分析對象（顧客）、觀察者和被觀察者的關係，所以即便觀察顧客，「也不是以顧客的觀點來看待事物」。

　　想要具備顧客的觀點，我們需要**理解的是主觀的行為原理**，而不是客觀的特徵和屬性。身為社會學家的岸、石岡和丸山（2016，頁 130）指出，焦點應該放在**「人所面對的世界」，而非人本身**。不是描述顧客的內心世界或為人秉性，而是努力理解顧客的生活脈絡和情況，**觀察顧客眼中所見的世界**。尤其重要的是了解「**顧客的合理邏輯**」。我們常說顧客是不合理的，但顧客有自己的合理邏輯（Drucker, 1964）。顧客之所以看起來不合理是因為行銷人員試圖運用自己熟悉的已知架構（也就是平均顧客樣貌、設想的使用場景）來解釋顧客的言行。為了具備顧客視角，必須捨棄這種行銷人的合理邏輯，學會用「顧客的合理邏輯」解釋事物的技術。

　　在特定情況下，人們會以什麼樣的角度看待事物？對於發生

的事情會有怎樣的反應？在這種情境之下，合理的行為是什麼？了解顧客所處的情境，找出當顧客處於該情境中常見的思維和行為的規律性。如果站在這樣的角度，你就能以顧客的觀點思考，也能發現應該向顧客傳達什麼、如何展現品牌，才能引起顧客的興趣。

## 理解顧客參與的「賽局」和「規則」

消費者在購買時會選擇什麼品牌，從以前就經常被比喻為擲骰子或扔硬幣的「賽局」。因為購買時的選擇就像擲骰子一樣有其機率性，所以提高自己公司雀屏中選的機率非常重要。這個隱喻的背後表現出當人在做決策時的離散選擇模型，對於理解未顧客來說，**關鍵就在於增加擲骰子的次數**。

大前提是即使企業什麼都不做，重度使用者也會願意擲骰子，而非顧客和輕度使用者本來就不會擲骰子。**想要讓未顧客願意購買，首先必須從讓他們擲骰子開始著手**。為此必須盡量在未顧客的生活脈絡中設置許多通往品牌的入口，提高接觸品牌的機率。這種概念被稱為**品類進入點（CEP）**（Romaniuk & Sharp, 2022）。如何找到 CEP（購買契機）並與品牌相結合，亦即解說「**為品牌設計通往新入口的方法**」，就是本書的重要主題。

所謂的「**質性調查**」是指訪談和行為觀察等調查方式，也是在理解未顧客的研究中常用的方法。岸等人（2016）從理解他人合理邏輯的觀點出發，針對質性調查所扮演的角色提出論述如下。因為內容與理解未顧客的本質有相通之處且論述內容較冗長，因此以下

直接引用原文：

> 我們的社會是由多個相互矛盾的「賽局」所構成。……（中略）
> ……就像這樣，在我們的日常生活當中有許多賽局同時進行，在
> 大多數的情況下，這些賽局是相互衝突的。至於參與其中的哪一
> 場賽局則取決於行為者的選擇。但是，我們經常只關注其中一場
> 賽局（簡而言之，這場賽局就是採用「自己容易獲勝的遊戲規
> 則」）。如此一來，一旦輸掉時，只會讓自己看起來像是在特定的
> 賽局中刻意選擇失敗。但是，如果仔細調查的話，就會發現其實
> 現場還有其他的賽局正在進行，甚至經常參與其中。社會學家表
> 明還有「另一場賽局」的存在（岸等人，2016，頁 31-32）。

如果行銷對象是重度使用者和死忠粉絲，描述「顧客有這種特
徵和傾向」的顧客輪廓或許還能派上用場。但是，想讓非顧客和輕
度使用者願意購買，意思就是讓對品牌不感興趣的人願意在與平時
不同的場景和時機購買商品。那麼，**並非僅去了解顧客的「基本特
徵和傾向」，更重要的是去理解「當消費者脫離基本顧客輪廓的時
候」**。

不是站在遠處環顧四周，從客觀角度理解顧客，而是將自己
置身於未顧客的情境之中，以主觀角度模擬體驗未顧客正在參與
的賽局。未顧客會在什麼時候使用與平時不同的價值觀並採取行
動？在什麼情況下會選擇不常購買的品牌？想要把商品銷售給未
顧客，就必須理解未顧客參與的**賽局規則（合理邏輯）**，並根據規

則**重新詮釋品牌**，進而為品牌創造出新的使用機會（即增加擲骰子的次數）。

## 重要的是發現購買行為的規律和法則

接下來，跟各位談談理組思維。雖然會在工作中接觸到數據的商務人士越來越多，但能根據數據資料制定行銷策略的人並不多。現在運用 Python 等工具就能立刻計算複雜的統計模型，但其實重要的是**理解那個模型背後所代表的購買行為的規律性，並且在自己的業務中重現**。這個模型是解讀購買行為的哪些方面、表現出哪些特性、若套用於現況中會發生什麼情形？如果在觀察顧客時能考量到這些法則和規律，你就能從不同角度思考市場行銷。所謂的理解未顧客，正是需要轉換觀點的課題。

舉例來說，其中的規律性之一就是「**零階（zero order）模型**」。假設消費者這次要買的商品與前次購買無關，而是在每次購買時才決定要購買什麼；購買選項中的品牌則是消費者根據各自的喜好（對品牌感受到的效用）決定幾個品牌；然後根據個人喜好決定各個品牌的選擇機率。比方說，假設當我購買罐裝咖啡時，購買選項當中的品牌包括三得利（Suntory）的 Boss、可口可樂（Coca-Cola）的喬亞（Georgia）和 UCC 的 Black 無糖，而這些品牌的選擇機率分別為 60%、30% 和 10%。所謂的零階就是，即使上次購買的品牌是三得利 Boss，而且我對商品也很滿意，但是今天的購買與前次無關，依然是從這三個罐裝咖啡品牌中按照機率選擇一個品牌。雖

然看起來每次購買皆為隨機選擇，不過如果長期統計各品牌的購買次數就會發現，三得利的 Boss 約占整體的 60%、可口可樂的喬亞約占 30%，而 UCC 的 Black 無糖約占 10%。

根據行銷人員在購買行為中所發現的法則和規律，行銷策略也會隨之改變。比如，如果想要增加罐裝咖啡的重複購買次數，該考慮什麼樣的行銷策略呢？請參見**圖表 0-1**。

常見的行銷方向是提高滿意度和忠誠度。如果著眼於「滿意度高（理由）→下次也會選擇購買（行為）」的規律性，就會出現圖表 0-1 中模式 A 的行銷方式。但是，如果只根據滿意度選擇的話，效用最高的三得利 Boss 應該經常雀屏中選。不過現實並非如此。選擇可口可樂喬亞咖啡的機率是 30%、選擇 UCC Black 無糖的

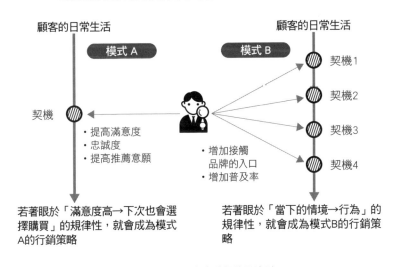

**理解購買行為的規律及法則，並於市場行銷中重現**

圖表 0-1　購買行為的規律及法則

機率是 10%。因此，**如果從「滿意度和忠誠度並非決定購買的主要因素，倒不如說這是一種誤判」的角度思考，就會變成完全不同的行銷方式。**

先前提到的「零階模型」所代表的意思是，消費者在每次購買時都像擲骰子一樣，換句話說，他們是**根據當下的情境**做出選擇。若能意識到這一點，基於「當下的情境→行為」的規律性，不難看出模式 B 的行銷策略更接近行為的本質。* 實際上，我想只要閱讀過第三章大家就會明白，**雖然促進重複購買看起來像是提高忠誠度和滿意度的賽局，但其實是增加普及率的賽局。**

誠如前述，當行銷對象是非顧客和輕度使用者時，經常會出現**「原以為是 A，但其實是 B」**的情況。因此，暫時拋開自己習以為常的行銷公式以及一直銘記在心的目標顧客樣貌，**「重新認識」顧客更為重要。**為了「重新認識」顧客，不妨將視線轉向市場行銷以外的領域也會有所助益。

為了理解人類的認知和行為，除了市場行銷之外，也存在許多其他領域的知識，結合這些知識就能解決像是「理解未顧客」之類的難題。舉例來說，在理解未顧客的背後存在以負二項分配（NBD）機率所示的**「雙重危機」**現象。雖然這個現象顯示出與購買行為有關的重要規律，不過外觀看起來卻是令人難以接近的「數學公式」。如果能援引心理學、文化人類學、認知行為療法等其他領域已闡明的知識，便能**將數學邏輯轉化為可應用於實務中的行銷策略。**在本

---

\* 但凡有規則就有例外。例如，尋求多樣化的行為（每次都想嘗試不同品牌）和訂閱等定期購買行為不在零階模型的範圍內，而是受到其他法則規範。

書當中，我想介紹這種結合理組思維和文組思維的方法。

## 解說理解未顧客的理論背景和實務步驟

在市場行銷的世界裡存在著許多未經證實的「貌似定律」和缺乏證據的「名言、格言」。只要在網路上稍微搜尋一下就能找到大量煞有其事的行銷理論。網路上的報導良莠不齊，這是任何行業都很常見的情況，就拿市場行銷來說，即使是一些作者身分明確的理論書籍，或是由知名行銷人士撰寫的書籍，也會混入這種令人懷疑其可再現性的內容。

我在職業生涯的前半段專注於行銷科學，後半段則以行為觀察和敘事取向為主。前者是數學和統計學的領域，而後者則是涉及心理學、社會學和文化人類學的領域。因為擁有這些背景，所以有機會和來自不同背景的人交流互動，當我聽到那些在專業領域及實務工作中身經百戰的人分享自身經驗時，我感受到的是他們藉由學習和實踐，歷經反覆失敗之後，將這些知識經驗內化成自己的養分。**因為「既懂理論又懂實踐」，所以能夠將理論重現於實務工作之中。**然而，由於他（她）們並非專業的教師，因此只能當成自身經驗與他人分享，於是乎重要的前提條件、順序和方法的侷限性等內容都被捨棄，最後只剩下單薄的一句「這樣做似乎比較好」而已。

有鑑於此，我想在不影響理解的範圍內提出證據，清楚說明**「為什麼這麼做」**的根據，在說明時也會同時兼顧未顧客市場行銷的理論背景和實務步驟。

# 本書的結構

第一章探討何謂「理解未顧客」、為何「理解未顧客」很重要及其觀點和背景。第二章則以世人熟悉的商品「起司蛋糕」為例，藉此理解未顧客並體驗「重新詮釋」的技術，為品牌創造新的使用機會。在第三章當中，比較目前視為主流的 STP 策略、忠誠度策略與適用於未顧客的行銷策略之差異，同時縱觀在理解未顧客時應該掌握的重點。

在接下來的第四章當中，可學習到基於這些差異的「理解未顧客的五個基本原則」及其背後的理論，並且掌握打動無感客群的實踐技能。在最後的第五章當中，將運用前四章所學到的原則和技能，思考如何解決商品開發和廣告溝通開發時的問題。此外，若變成塞滿理論的指導手冊也很無趣，所以本書的目標是運用豐富的漫畫和圖表，從視覺上增加具實踐性的多樣化知識（**圖表 0-2**）。

## 本書的結構

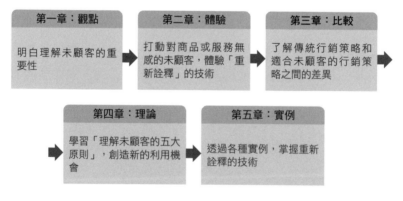

圖表 0-2　本書的結構

# 目次

## 書末附錄 「理解未顧客」的數學面向

第 **1** 章

為何要理解「未顧客」

# 貌似能看見，其實不知其樣貌的「未顧客」

「獲取新客戶」、「擴大市場」、「創造新的使用機會」，這些都是在商業世界中的常見主題。無論是什麼企業的何種商品，占據大部分市場的是「**不購買商品的非顧客**」和「**雖然購買商品，但一年頂多購買一、兩次的輕度使用者**」。除了非顧客和輕度使用者之外，本書再加上「**不符合典型目標顧客樣貌的少數顧客**」，並將這些人稱之為「**未顧客**」。

無論是什麼企業，要讓事業有所成長就必須將未顧客變成自己的新顧客。但是，實際情況多半是企業尚未看到重要的未顧客。

## 無法斷言「因為有數據，所以能夠理解顧客」

我想大家的公司裡都有顧客的相關數據資料。若以數位市場行銷來說，在平台上應該也會累積一些數據。但是，這些資料基本上**是既有顧客的資料，並不是未顧客的資料**。

就數位行銷的性質而言，可取得的數據與消費者進行「搜尋」、「放入購物車」等購買行為息息相關。與「購買行為」密切相關，

就代表著忠誠度越高的顧客越容易蒐集到他們的數據資料，反之，對品牌不太感興趣的未顧客就越難取得其數據資料。雖然企業能針對顧客蒐集到有意義的數據資料，但未顧客的數據不僅稀少且幾乎沒有資訊量可言。換句話說，即使能蒐集到對品牌感興趣的「顧客」資訊，但是卻**無法蒐集到「未顧客」的相關資訊**，因為他們尚未採取任何行動，甚至**根本不知道品牌的存在**。

如果經常查看數據和指標會讓人認為自己對市場已通盤了解，但實際上只是看到對自家公司商品或服務有興趣的那些顧客。堅信「從數據資料中所得知的事情就等同理解顧客的全貌」是很危險的想法。一旦腦中有這種想法，將會忽略影響事業成長的「未顧客」，使得理解顧客的視野變得非常狹隘。

## 看得見長相的顧客和看不見長相的未顧客

同樣的問題也會發生在實際面對銷售場合的銷售或業務人員身上。每天在櫃台與顧客面對面互動交流，負責銷售或業務工作的員工，往往會認為自己最了解顧客。但是，一旦詢問他們「那些沒來店裡的人」時，他們的回答是「**因為這些人不是顧客，所以不清楚**」。但真的是這樣嗎？自己會遇到（＝看得見長相）的人就是顧客，不會遇到（＝看不見長相）的人就不是顧客？能傳達到公司的聲音很重要，但那些傳達不到的聲音，難道就不重要了？

即使向銷售人員或業務人員提議：「如果改變銷售或展示方式，那些沒來過店裡的消費者也許會來光顧。」對方也很可能不知

道該如何回答。即便他們能想像那些「**看得見長相的顧客**」為何會購買，但卻無法想像「**看不見長相的未顧客**」為何不願購買。實際上，許多商務人士都存有「**看得見長相的顧客就是市場全貌的偏見**」。

## 對於未顧客的理解處於「無知中的無知」狀態

這些例子的共同之處在於，這些銷售和業務人員或多或少會關注「看得見長相的顧客」，但**對於「看不見長相的未顧客」原本就漠不關心**。與其說他們不理解未顧客，不如說在他們的意識範圍內不存在未顧客，既然沒有出現在他們的視野之中，那就更遑論理解了，因為他們對自己的無知一無所知，可謂是處於對「無知的無知」狀態。在這裡首先希望大家注意到這一點。

但是，要理解未顧客也有其兩難之處。誠如前述，未顧客對自家公司的品牌既沒興趣也不購買，所以完全無資料可循。如果沒有資料，也無法想出「該怎麼做才能讓顧客產生興趣、讓顧客願意購買」的對策（**圖表 1-1**）。雖然先前提出數位行銷和店鋪實體銷售

**理解未顧客所面臨的困境**

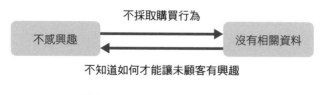

圖表 1-1　理解未顧客所面臨的困境

的例子，但在經常根據數據資料做決策的現代社會裡，這個問題同樣適用於業務部、廣告宣傳部和商品開發部等部門。

# 關注未顧客的理由

## 只是憑藉適用於既有顧客的行銷策略，難道不行嗎？

針對未顧客，許多人處在對「無知的無知」狀態，很多時候甚至沒有意識到未顧客的存在，那麼為什麼未顧客如此重要呢？有些讀者可能認為既有顧客才是最重要的吧。本節將重新審視那些被大家視為理所當然的行銷常識，說明只是靠適用於忠實顧客或死忠粉絲的行銷策略並不足夠的理由。

我問大家一個問題。對於品牌成長來說，你認為以下所提到的［A］和［B］哪個更重要？請在零售價格不能改變的前提之下思考這個問題。

［A］讓已經購買過多次的人再多買一次（讓既有客戶的「多買一次」）

［B］讓以往不曾購買過的人購買一次（增加一位新顧客）

因為銷售額的計算方式是「**總購買次數 × 平均單價**」，若以乘

法計算，［A］和［B］會出現相同的結果。不過，如果公司考量的是短期銷售額，往往會把目光投向［A］，也就是既有顧客身上。我能理解這是因為既有顧客容易接觸而且有購買紀錄，所以增加粉絲和重複購買的行銷策略往往更受青睞。

另外也有人認為「既有客戶可以用較低的成本，獲得較高的報酬」。實際上，關於防止顧客流失所帶來的好處，菲利浦‧科特勒（Philip Kotler）等人曾經提到：「開發新顧客的成本可能是留住老顧客的五倍」、「雖然比例因行業而異，不過只要把顧客流失率降低5%，就能提升 25% 至 85% 的利潤」（Kotler & Keller, 2006；月谷譯，2008，頁 195）。想必應該也有讀者曾聽過「一比五定律」或「五比二十五定律」，這類法則或定律經常被當成維持既有顧客、培養忠實顧客的證據。然而，另一方面也有人指出，其實這些並不是能夠普遍適用的定律，而且是錯誤的認知（East et al., 2006; Sharp, 2010）。

若追溯這段話的出處就會找到 Reichheld 等人的論文（Reichheld & Sasser, 1990）。歸納原文的相關內容就是，如果將顧客流失率從10% 減少到 5%，那麼直到顧客數降到零為止的時間將延長一倍，*因此每位顧客能帶來的現金流也會隨之增加（信用卡公司增加75%，其他公司則依行業別增加 25% 至 85% 不等），但是光憑這段內容就一概而論地認為「只要防止區區 5% 的顧客流失率」即可大幅增加收益，並不正確。因為減少的不是「百分比」(%)，而是「百

---

\* 按照「1/流失率」計算時。只不過使用這個方法計算容易高估顧客終生價值（life time value , LTV）。

分點」（%pt）。

「百分比」和「百分點」經常被混淆，但兩者的意思完全不同。將 10% 的流失率減少「5%」，是指對於原來 10% 的流失率來說，減少了「10%×0.05 ＝ 0.5%」，換句話說，就是流失率從 10% 變成 9.5% 的意思。但是，10% 的流失率減少「5%pt」，是指使流失率降低為 5%，這個意思就像是在一千名客戶當中，將原本會流失的一百名顧客降低至五十人，也就是流失人數減半的意思。這不是防止「區區 5%」的流失率，而是防止「50%」的流失率。如果能將流失率減半，收益大幅改善也是理所當然之事。因為會引起這樣的誤解，所以當新聞在報導內閣支持率時，才會使用「與上個月相比，支持率上升了 X 個百分點，達到 Y%」這種方法表達。假設只要提高 5% 的客戶留存率就能大幅提高收益，的確很具吸引力，但令人遺憾的是，**這只不過是因為「百分比」和「百分點」的混淆而讓人誤以為這些法則絕對適用**，況且這些內容並未被證實具有可再現性。

相反的，有證據支持的是 [B]。根據各種研究，已證實會直接影響品牌成長的是**普及率（顧客人數）**。舉例來說，Baldinger 等人（2002）針對超過三百個品牌進行為期五年的觀察，結果顯示品牌成長的關鍵驅動因素是普及率，忠誠度則扮演推動和維持的角色。銷售額和市占率的增加是直接受到普及率的影響，相較而言，老客戶的忠誠度屬於輔助作用。

萊斯・比奈（Les Binet）和彼得・菲爾德（Peter Field）分析了行銷策略與成果之間的關聯性，研究期間從 1998 年到 2016 年、研究案例數量約為五百個，他們（Binet & Field, 2017, p.5）提出的結

論是：「行銷依然是一場數字遊戲。品牌成長主要來自於普及率的增加，而不是忠誠度（日文內容由本書作者翻譯）。」在探討行銷效果的研究當中，無論是研究期間長度還是樣本數量之多寡，這項研究都達到前所未有的規模。至於為何只靠既有顧客的行銷策略並不足夠，該研究的作者們提出以下幾點：

（1）絕對不變的重度使用者「數量」很少。

（2）讓重度使用者購買更多有其困難度。

（3）很難透過廣告改變既有顧客的認知與行為。

（4）對既有客戶採用促動（activation）行銷策略 [*1] 的有效期間很短。

（5）追求投資報酬率（ROI）[*2] 並以此作為績效指標並不能增加銷售總額。

（6）顧客忠誠度不是透過忠誠度策略而提高，而是隨著普及率的增加而提高。

　　只要把顧客視為「單一的個人」就能直觀地理解（1）、（2）、（3）。比方說，假設商品是一般消費品。我想顧客是使用每個月的生活費來購買這類商品，而生活費當中有多少錢可以用在什麼地方幾乎都是固定的。因為既有顧客都是已經買過商品的人，所以很難讓他們購買更多商品。無論顧客收到多少 DM、還是針對廣告進行

---

[*1] 促使顧客當場購買的行銷策略。

[*2] 原文全稱為 return on investment。利潤 ÷ 行銷投資成本。

最佳化，消費量都不會有很大的變化。雖然也可當成是為了促使顧客下次繼續回購，但重度使用者往往會隨著時間推移變成輕度使用者。舉例來說，「你發現一家喜歡的餐廳，一開始經常光顧這家餐廳，說來也沒有特別的理由，但是在某一天就突然不去了」，你是否有過這樣的經驗呢？在重度使用者之間也會發生這種情況。重度使用者很容易變成輕度使用者，反之亦然，輕度使用者也有可能突然就變成重度使用者。這就是在時序資料中常見的**均值回歸**現象，即使採取措施也無法阻止這種現象。

關於（4）和（5）則是有利有弊。從好的方面來看，在比奈和菲爾德（Binet & Field, 2017）的研究中發現，針對既有顧客採取提高活躍度的行銷策略對於短期銷售額具有效果。但是這些策略大多採用投資報酬率作為績效指標，而且目標客群有縮小的傾向。這是因為成本越低，數值上的投資報酬率就越高，但是這樣一來長期事業成長所需的普及率就無法提高。此外，針對同一個目標客群採取的行銷策略越多，效果越差（即使投入同樣的成本，從中獲得的報酬也會減少），因此單憑追求既有客戶的投資報酬率並不能提高銷售總額。實際上，在他們（Binet & Field, 2017）的報告中也發現，銷售額和投資報酬率之間沒有顯著相關性，而普及率和投資報酬率則呈現負相關。

要讓事業成長，基本上就是一種投資，因此不是減少成本使數字看起來很大，而是增加成本以獲得更多報酬，只有按照這樣做才能發揮作用。至於（6）則與「雙重危機」的現象有關。我將在第三章詳細解說相關內容。

# 未顧客才是品牌之「寶」

那麼，該怎麼辦才好呢？ 愛倫堡巴斯研究機構（Ehrenberg-Bass Institute）的拜倫・夏普（Byron Sharp）教授建議要**增加輕度使用者**。無論是什麼商品類別，市場占有率前段班的品牌和後段班的品牌最大的不同在於普及率，這是因為當銷售額和市占率增加時，輕度使用者的數量一定會增加。請參見**圖表 1-2**，銷售額由「顧客人數」與「購買頻率」所構成，目前已知兩者間的關係可以用**負二項分配**（NBD）來表現（Ehrenberg, 1959）。

如圖所示，非顧客和輕度使用者（橫軸數值較小）的顧客人數極其之多，而購買頻率較高的重度使用者（橫軸數值較大）的顧客人數則是隨著橫軸數值的增加而急劇減少。品牌會按照這個分布模

**負二項分配（NBD）：構成銷售額的顧客人數與購買頻率之間的關係**

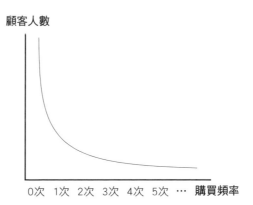

圖表 1-2　負二項分配（NBD）

式成長，這代表**吸引更多一年只買一、兩次的輕度使用者，品牌將會隨之成長**。研究者認為無論哪個國家、哪種商品類別，大部分品牌皆遵循這種分布模式（Sharp, 2010; Romaniuk & Sharp, 2022）。因此，想要使這個分布往右偏移，光靠增加購買頻率高的重度使用者並無法達成。所以重要的是增加輕度使用者，尤其是讓未曾買過商品的非購買客群至少購買一次。換言之，這些很少購買商品的未顧客才是品牌之「寶」。

# 理解未顧客的原則

## 理解未顧客的困難之處

雖然許多研究和書籍中皆闡明未顧客的重要性，然而令人驚訝的是諸如「該如何增加輕度使用者」、「該如何接近對品牌不感興趣的人並創造使用機會」這類關鍵問題，並沒有累積關於理解和獲取未顧客的知識。

不管是人物誌也好，顧客旅程 [*1] 也罷，抑或是顧客關係管理（CRM）、[*2] 顧客數據平台（CDP），[*3] 這些全都是談論「能蒐集到品牌相關數據的顧客」。在我的印象中，許多與市場行銷相關的書籍或網路內容，都是以「看得見長相的顧客」為前提，例如粉絲行銷和品牌忠誠度。關於未顧客，除了不易蒐集資料的困境之外，我認為似乎**也缺乏討論「該如何理解這群對商品無感又不知樣貌的消費者」這類內容**。

---

[*1] 將顧客從知道品牌到決定購買的過程視為一段旅程以便理解的方法。

[*2] 原文全稱為 customer relationship management。透過提高顧客終生價值（LTV）和忠誠度等方式，擴大銷售額的方法。

[*3] 原文全稱為 customer data platform。指蒐集、整合顧客資料並實施顧客關係管理（CRM）的平台。

此外，我所說的不僅僅是針對未顧客，從另一方面來看，**採用顧客觀點和理解顧客原本就不是出社會工作就能自然掌握的技能。**即使是任職於市場行銷部門，我認為要從現在的日常工作中掌握顧客觀點也是相當困難的事。這是因為在每天的工作當中，行銷人員的視線只侷限在市場行銷的狹窄範圍內。不過，以往的情況與現在略有不同。以前說到市場行銷，在既沒有先例也沒有指導手冊的情況下，所有事情都靠一個人獨自思考，是理所當然的事。因此，在將物品轉化為價值的過程中，培養出行銷流程的整體概念。

從年輕時就能接手品牌操作的外資企業則另當別論，日本企業的行銷人員工作主要包括促銷、對零售商店的業務工作、與廣告公司溝通，最近則是在數位平台上進行 A/B 測試和最佳化，這些工作就占據大部分時間。因為很少直接面對顧客，所以無法培養出「現在品牌缺乏的是什麼、如何使事業有所成長」的大局觀。

如果將這種大局觀換成另一種說法就是「程序性知識」，心理學上稱為「**基模**」（schema）。舉例來說，你在開車的時候並不會每個步驟都去翻閱駕駛手冊吧。先繫好安全帶、發動引擎、調整後視鏡和座椅的高度等等，我想不用刻意思考也知道這些步驟。這是因為大腦中已經有駕駛汽車的基模（程序性知識），但是沒有開過車的人就沒有這個基模。

理解顧客也是同樣的道理，在有限的範圍內重複例行工作並無法培養出「理解顧客的基模」。如果缺乏乘載知識的基模，無論上司再怎麼指導，閱讀再多行銷書籍，也只能零散地增加「點」的知識。然而，這些零散的知識並無法連成「線」，告訴自己如何將這

些知識與工作結合起來、如何以行動重現這些知識。

這樣一來，行銷人員就在自己知道的範圍內完成工作。數位行銷就是最典型的例子。**誤以為分析數位資料就是理解顧客、操作工具就是將顧客體驗最佳化，雖然不明究理，但轉換率（CVR）*提高 0.1%，就以為是創造價值。**

## 只要改變情境脈絡就能「創造」興趣

在獲取非顧客和輕度使用者方面，實務上最重要的一點就是「**根據未顧客的情境脈絡重新詮釋品牌，吸引他們的興趣和注意**」。接下來，我想利用第一章所剩篇幅，透過身旁的例子讓大家了解何謂「根據情境脈絡重新詮釋品牌」。

話鋒一轉，很多小孩都不喜歡洗澡吧。我認識的幼兒園老師告訴我說，討厭洗澡的小孩認為洗澡就是「干擾玩耍的事情」。本來玩得很開心，卻因為洗澡不得不中斷玩耍，還被迫在寒冷（或炎熱）的環境中進行清洗身體這種無趣的工作，所以變得「討厭洗澡」。相反的，不抗拒洗澡的小孩則是把浴室視為「遊樂場之一」（**圖表 1-3**）。

聽說那位幼兒園老師並不是告訴孩子「為什麼必須洗澡」、「洗澡有什麼好處」，**而是把洗澡本身當成一種遊戲**。準備好水槍和小鴨鴨等玩具，然後告訴孩子「我們在院子裡玩了泥土，接下來就去

---

\* 　原文全稱為 conversion rate。在造訪網站等的訪問者當中，實際購買者的比例。

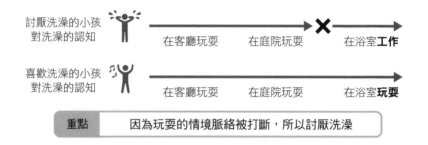

**圖表 1-3　討厭洗澡的小孩跟喜歡洗澡的小孩之間的差異**

浴室玩水吧」之類的話。當然不會只是玩水也必須清洗身體和洗頭，所以聽說他會挑選容易起泡泡的洗髮精，告訴孩子：「我們來用泡泡變身吧（用泡沫把頭髮抓出各種形狀的遊戲）。」設法把玩水變成洗頭行為（**圖表 1-4**）。

　　現在我們試著把浴室當成**品牌**，把討厭洗澡的小孩當成**未顧客**，把幼兒園老師當成**行銷人員**，來思考看看。品牌（浴室）本來是「妨礙玩耍的地方」，但藉由**重新詮釋**為「玩水的地方」，讓未顧客（小孩）產生興趣。換句話說，藉由改變情境脈絡，進而引發興趣和注意。

　　先前提到的幼兒園老師所採用的方法，並不是單純地傳達洗澡的功能（清潔身體）而已，為了滿足孩子的需求（想玩耍），提出充分發揮浴室特點（水域）的體驗（用泡沫把頭髮抓出各種形狀的樂趣）。這樣一來，在想玩耍的「需求」、洗澡的「行為」和愉快玩水的「獎勵」之間產生**新的循環（使用機會）**，並將品牌（浴室）

## 如何讓洗澡感覺很有趣？

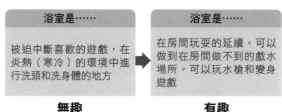

| | 浴室是…… | 浴室是…… |
|---|---|---|
| | 被迫中斷喜歡的遊戲，在炎熱（寒冷）的環境中進行洗頭和洗身體的地方 | 在房間玩耍的延續。可以做到在房間做不到的戲水場所。可以玩水槍和變身遊戲 |
| | **無趣** | **有趣** |
| 重點 | 提供「用泡泡變身」和「玩具」這種獨特的體驗，將「無趣的洗澡」重新詮釋為「有趣的玩水」 | |

圖表 1-4　讓人覺得洗澡很有趣的巧思

## 透過重新詮釋洗澡，
## 創造新的「需求─行為─獎勵」

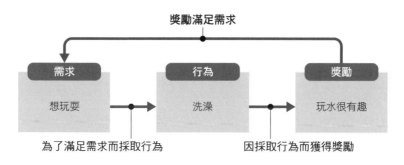

圖表 1-5　重新詮釋洗澡

定位在循環之中（**圖表 1-5**）。就像這樣，有效傳達出**重新詮釋後的品牌**（浴室）價值，而訊息就是「在院子裡玩了泥土，接下來就去浴室玩水吧」、「來用泡泡變身吧」這類的話語。清楚表明品牌（浴室）在什麼場景中對未顧客（孩子）能提供什麼獎勵，可謂是

很好的廣告文案。

　　當然，僅憑這些並不能讓所有人都喜歡上洗澡，然而重點不在於此，而是在於「只要多一個通往品牌的入口，普及率也會隨之提高」。我要再次強調，首先必須增加接觸未顧客的方法，提高未顧客接觸品牌的機率。因此，在日常生活中打造許多能接觸到品牌的微型入口，就是擴大市場的關鍵。

## 貼近日本企業的「產品導向文化」並重新詮釋的技術

　　透過剛才洗澡的例子，你是否已經掌握了「重新詮釋品牌」的概念呢？如果覺得恍然大悟，相信你一定能愉快地閱讀本書吧。

　　在第一章的最後，我們將探討日本商務人士掌握「重新詮釋品牌」技術的意義。外資企業的行銷和經營密切相關，無論是文化面還是實務面皆融入顧客觀點，而日本企業與外資企業大相逕庭，可能很難在短時間內實現「自始至終以顧客為出發點」。雖說如此，我們也不應急於追求流行的最新方法，而是應該思考既能符合日本企業文化和習慣，又能理解顧客和創造價值的方法。由於日本產品的品質很好，所以若能**在不違背「產品導向」的習慣和思維下，擁有將商品或服務重新詮釋為顧客價值的機制**，就能打造出強大的品牌。本書將詳細介紹這種重新詮釋的理論和方法。

　　在下一章當中，本書將透過耳熟能詳的商品案例，實際體驗如何進行「重新詮釋」，包括要輸入（input）什麼行銷企劃進入消費者心中、要消費者「產出」（output）什麼購買行為。

## 如何閱讀本書的建議

本書接下來的組成結構如下：「案例研究（第二章）」→「理論（第三章、第四章）」→「案例研究（第五章）」。雖然建議大家按照這個順序閱讀，不過，如果你是屬於「希望先掌握理解未顧客的概念」、「相較於理論，更想以產出為基礎理解未顧客」的讀者，我建議不妨先粗略瀏覽第二章和第五章，應該會更容易掌握重點。

第 **2** 章

以「重新詮釋」的技術打動
無感客群

# 夜晚的生活脈絡

唉～

下班了，今天辛苦啦！

每天就是兩點一線，往返於公司和住家之間。

一天就要結束了卻覺得空虛，總覺得少了些什麼。

步履蹣跚……

謝謝光臨～

為了填補空虛感，被便利商店的燈光吸引過去

慢慢晃過去……

哈哈哈

好吧……

平日的一天尾聲大概也就是這樣吧……

差不多該睡覺了吧。今天也算是度過一個充實的夜晚，明天也要拼命努力努力喔。

某天，正在工作時

覺得有點累，
好想吃甜食喔

喔！
看起來很好吃

**商品特色：**
減少醣質，降低甜度
使用三種天然起司
**使用場景：**
在便利商店販售中的商品，
可作為午餐時的甜點

新發售 便利商店 甜點
Cheese cake

# 白天
## 的生活脈絡

好的，來去
買午餐囉

快接近
12 點

不過因為最近有點
代謝症候群的徵狀，
而且在健康檢查時
還被醫生責罵了！

考慮到身體健康，
還是選冷凍
水果這類商品好了

要選哪個呢？

直接略過起司蛋
糕和冷凍水果
……

冷凍食品

無視——"

今天就
選這些吧……

謝謝光臨～

優格乳

綜合
三明治

43

# 試著體驗重新詮釋的技術

　　剛剛看了一小段漫畫，假設大家是**起司蛋糕銷售公司的行銷人員**，你會如何讓漫畫主角購買起司蛋糕呢？雖然成功喚起他「由於感到疲累，所以想吃甜食」的需求，但是這位男性最後購買的卻是三明治、葡萄酒和冰淇淋。對於銷售起司蛋糕的公司來說，這個人就成為「未顧客」。第二章將以剛剛漫畫中的故事為題材，探討如何理解未顧客、如何**重新詮釋**起司蛋糕這項商品，才能讓未顧客產生興趣。

　　誠如第一章所述，針對未顧客，雖然無法取得任何與購買有關的數據資料。但是，透過觀察未顧客的行為或進行訪談，我們可以獲得如同這篇漫畫般的數據，也就是「反映目前生活脈絡的數據敘事（narrative）」。從這類敘事數據中探索未顧客的行為模式和思考規律性，再依此重新詮釋品牌並思考吸引未顧客的行銷策略，然後再運用數據資料進行驗證。

　　在閱讀本章時，首先要記住的是「目標」（target）、[*1]「利益」（benefit）、[*2]「定位」（positioning）[*3]等關鍵詞。重新詮釋這三個關鍵詞，並從中研究新的市場機會。此外，本章的最後也製作一個廣告大綱，傳達重新詮釋後的起司蛋糕所具備的吸引力。

---

[*1] 品牌鎖定的主要顧客、品牌的主要使用場景。
[*2] 品牌為顧客提供的美好事物、令人開心的事物。
[*3] 品牌提供了哪些價值並為顧客所認知。

# 從行為中解讀情境脈絡和合理邏輯

那麼,讓我們回到起司蛋糕的故事,目標是「讓漫畫中的男性購買起司蛋糕」。我們不妨先仔細分析一下,在白天的生活脈絡中,那位男性的行為及其背景吧。這個人會在工作時使用影片播放服務,邊聽音樂邊工作;接著從影片中看到起司蛋糕的廣告。廣告的概要有以下三點。

**商品特色**

減少醣質,降低甜度(商品特色的主要訴求)

使用三種天然起司

**使用場景**

在便利商店販售中的商品,可作為午餐時的甜點

對於廣告之類的外部刺激,人類會先出現本能反應。因為疲累所以想要吃甜食,這是出自本能的真實「需求」。到目前為止,將「契機」、「需求」等詞彙作為標題,製作成如**圖表 2-1** 般的圖示。

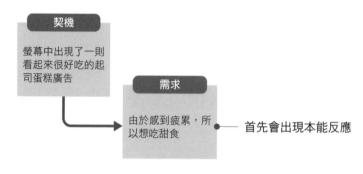

圖表 2-1　未顧客的情境脈絡（其一）

本章將以這種方式把前述漫畫中的生活脈絡拆解為幾個元素進行分析。圖表 2-1 是研究各個元素之間的關係，但只顯示部分框架，後續將會逐步完成。

接下來繼續說明。人即使產生「需求」也不會馬上按照「需求」付諸行動。當漫畫中的主角產生「想吃甜食」的需求之後，馬上就被「最近有點代謝症候群的徵狀」、「健康檢查時被醫生責罵了」、「必須多為健康著想」諸如此類的想法「**壓抑**」。本能的需求並不會直接轉為行為，而是會受到理性和社會性的條件所制約。因此在圖表 2-1 中加上「壓抑」（**圖表 2-2**）。

然後會發生什麼情況呢？由於「需求」和「壓抑」是截然相反的兩種意識，所以人在此時會開始一場「想吃甜食卻又不得不控制糖分攝取」的內心掙扎。雖然在廣告中也傳達出「減少醣質」這項特點，但是以漫畫描述的情況來說，壓抑面的意識更勝一籌，本身屬於「甜食」類別的起司蛋糕就被排除在喚起集合（evoked set）＊之

---

＊　在購買時回想起的品牌、作為候補的幾個品牌之集合。

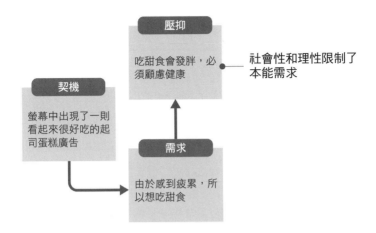

圖表 2-2　未顧客的情境脈絡（其二）

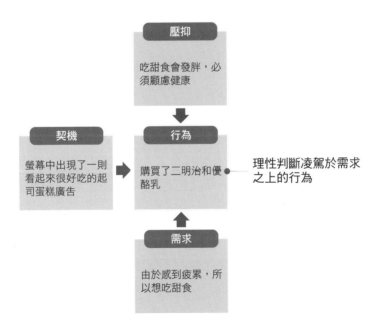

圖表 2-3　未顧客的情境脈絡（其三）

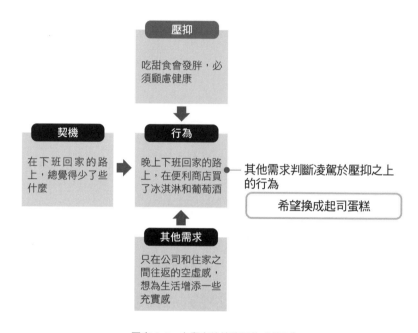

圖表 2-4　未顧客的情境脈絡（其四）

外了吧。最後漫畫主角可能因此而買了三明治和優酪乳（**圖表2-3**）。

　　漫畫的場景變成在下班回家的路上。漫畫中的男性在買晚餐時也順便買了葡萄酒和冰淇淋。我們不妨思考一下，為什麼他會買葡萄酒和冰淇淋呢。從「只在公司和住家之間往返」、「覺得少了些什麼」之類的陳述來看，可看出這位男性對於每天只有工作的生活有種莫名的空虛感。可以推測從那種「空虛感」之中，讓人產生「想要有充實感」等其他需求，而這種需求又與甜食（＝葡萄酒和冰淇淋）產生連結（**圖表 2-4**）。

　　至此，我們依循未顧客的行為並從行為結構上理解他的情境脈

絡。那麼，該怎樣做才能讓這個人購買起司蛋糕，而不是葡萄酒和冰淇淋呢？在漫畫主角的一連串行為和意識當中，是否有什麼提示呢？

在這種情況下，不是一下子就試圖提出「該如何做才能把起司蛋糕賣出去」的答案，而是嘗試以「**置身於這種狀況的人是以怎樣的合理邏輯來看待事物**」這種觀點，重新俯瞰情境脈絡吧。雖然我們常說「顧客的行為是不合理的」，但其實不然，「**只是我們尚未注意到而已，顧客或許也有自己的合理邏輯**」，不妨試著讓自己保有這種觀點。

首先，漫畫主角的實際行為是白天不買甜食，但是晚上回家時會買甜食。

---

**白天的生活脈絡**

不購買甜食

**夜晚的生活脈絡**

購買甜食

---

對這個人來說，為什麼在白天的生活脈絡中，購買甜食不符合他的合理邏輯，但在夜晚的生活脈絡中，購買甜食（冰淇淋）卻又符合他的合理邏輯呢？按理說白天吃甜食可以消耗卡路里，但晚上吃甜食卻很容易發胖吧。然而，在看似不合理的行為背後，「**對當事人而言的合理邏輯**」又是什麼？是什麼原因形塑成這種合理

邏輯？請試著從這個角度來拆解行為。

　　首先，試著將白天的生活脈絡比照**圖表 2-5** 的方式加以拆解。我們可以確認的是，阻礙選擇起司蛋糕的主因是「吃甜食會發胖，必須顧慮健康」的壓抑意識。這與導致他不買起司蛋糕，改買三明治和優酪乳的行為有關。這裡希望各位注意到一點，他的行為並沒有滿足原本「想吃甜食」的需求，於是此處似乎就出現了品牌介入的空間。

　　接下來換成夜晚的生活脈絡，此時浮現出其他的需求，也就是「對於只在公司和住家之間往返感到空虛，想為生活增添一些充實感」，我們知道他為了滿足這個需求，購買了冰淇淋和葡萄酒。那麼，對這位漫畫主角來說，此時成為「**獎勵**」的是什麼？所謂獎勵就是滿足需求的事物。物質層面的獎勵是冰淇淋和葡萄酒，但它們帶來心理層面的獎勵是什麼呢？

　　不妨再確認一下他的情境脈絡吧。

　　舉例來說，從「往返」、「一天就要結束了卻覺得空虛」等詞語之中，可以感覺出「一天的開始和結束的界線不明確」的語感。說不定當漫畫主角回到家後，依然維持著工作的緊張感和壓力。這樣一來，可以認為「擁有能夠為一天劃下句點的時間和場所」，這種儀式感就成為心理層面的獎勵。也就是說，利用冰淇淋和葡萄酒讓一天告一段落並從中獲得充實感。若用圖表呈現，即為**圖表 2-6**所示。從該圖中可以看出**需求、行為、獎勵**形成一個循環。

## 理解未顧客行為背後的因素

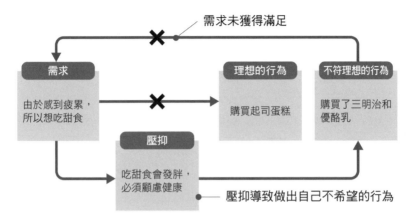

圖表 2-5　未顧客行為背後的因素（白天的生活脈絡）

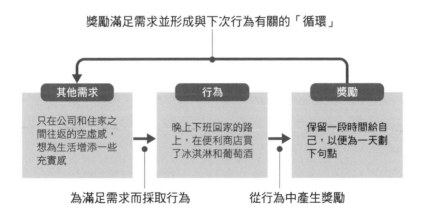

圖表 2-6　未顧客行為背後的因素（夜晚的生活脈絡）

# 重新詮釋目標、利益、定位

接下來要談論的是「重新詮釋」。為了讓漫畫主角購買起司蛋糕，應該如何提案才好，接下來將根據他的思維和情境脈絡，改變傳達方式（＝重新詮釋）。

若重新歸納到目前為止的內容，我們可以推測出漫畫主角應該是用以下的論點看待事物。

**顧客的合理邏輯**

「白天在工作，為了健康著想，應避免甜食；不過到了晚上，為了幫這一天劃下句點，可吃點甜食，以便從中獲得充實感」

換句話說，在白天的生活脈絡中，健康意識會壓抑想吃甜食的需求，但在夜晚的生活脈絡中，需求和獎勵之間的連結更為緊密，因此更容易接受甜食。

基於上述論點，我們可以得到的啟發是，讓漫畫主角購買起司蛋糕的場景（稱為「目標場景」）應該重新詮釋如下。

**重新詮釋前的目標場景**

白天、午餐時的甜點

**重新詮釋後的目標場景**

夜晚、帶著空虛感回家時的時候

　　若將目標場景設定為「夜晚」，接下來應該思考的是「要傳達什麼、該如何傳達，才能讓漫畫主角在晚上選擇起司蛋糕」。在夜晚的生活脈絡中，「能夠結束一天的工作」就是獎勵。如果是這樣的話，有效的做法就是**強化獎勵和起司蛋糕之間的連結**（圖表2-7）。

　　此外，希望透過這樣的傳達方式，讓漫畫主角今後在「晚上回家時」的場景中，第一時間就在腦中浮現起司蛋糕，而不是只是當成替代品的葡萄酒或冰淇淋。不妨試著思考看看提案的主要內容，也就是「利益」是什麼。

　　現在的廣告內容如下方所示。

**商品特色**

減少醣質，降低甜度（商品特色的主要訴求）

使用三種天然起司

**使用場景**

在便利商店販售中的商品，可作為午餐時的甜點

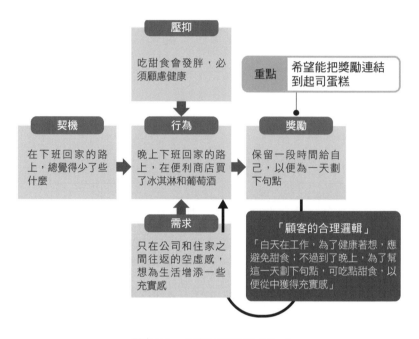

**圖表 2-7　品牌的重新詮釋（其一）**

　　現在作為主要訴求的商品特色是「減少醣質，降低甜度」。但是在夜晚的生活脈絡中，漫畫主角所追求的獎勵是「保留一段時間給自己以便為一天劃下句點和獲得充實感」。在這個情境下，「減少醣質」這項訴求並不是直接的利益，而「降低甜度」也讓人覺得有所不足。如果把視線轉向另一項特色「使用三種天然起司」，似乎可說是具有奢華感的特色。比方說，把利益定義為「好好結束今天的奢華時光」，把「減少醣質」定義為「晚上也適合享用」的「值得相信的理由」（RTB），*採用這種方式重新詮釋，你覺得如何呢？

---

* 　原文全稱為 reason to believe。能夠相信商品訴求的根據。

**重新詮釋前的利益**

「減少醣質，降低甜度」

**重新詮釋後的利益和 RTB**

「好好結束今天的奢華時光」

「因為減少醣質，所以晚上也適合享用」

　　「減少醣質」是公司費盡心力開發的功能，因為是商品的獨特之處，所以我也能理解公司想將其作為主要訴求。但是，為了讓未顧客感受到商品價值，必須根據未顧客的合理邏輯來詮釋品牌。如果從這個角度來看圖表 2-7，就行銷方向而言，除了**強化**獎勵之外，似乎也能從**弱化**壓抑的方向著手。也就是說，可以採用**圖表 2-8** 的方式來因應，透過傳達像是「好好結束今天的奢華時光」這類的訊息提高心理層面的獎勵，同時也針對「因為減少醣質，所以晚上也適合享用」，提供這項功能的相關證據，進而降低壓抑，減少購買的阻礙。

　　相關內容會在第四章中詳細解說，正如前述，盡可能**發現更多市場行銷可以介入的缺口（變數）**，這也是理解生活脈絡的重要作用之一。

　　那麼，現在不妨試著將這個利益套用在前面圖表 2-6 的獎勵部分吧。套用之後就得到**圖表 2-9**。起司蛋糕的商品定位落在「為了滿足需求而購買→獲得利益（獎勵）→獎勵滿足了需求→所以再次

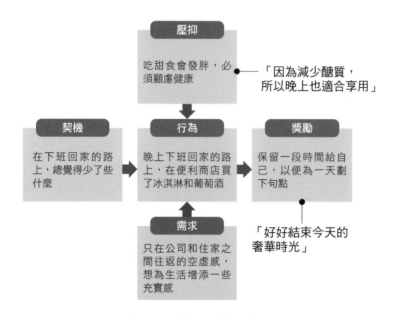

圖表 2-8　品牌的重新詮釋（其二）

購買」的循環之中，而這個循環為創造新的市場機會奠定了基礎。

**重新詮釋前的定位（白天的生活脈絡）**

起司蛋糕 =「減少醣質，降低甜度」→工作時為了健康應該少吃甜食→無法滿足需求

**重新詮釋後的定位（夜晚的生活脈絡）**

起司蛋糕=「好好結束今天的奢華時光」→只在公司和住家之間往返的空虛感；可吃點甜食，以便從中獲得充實感→滿足需求，有助於下一次的行為

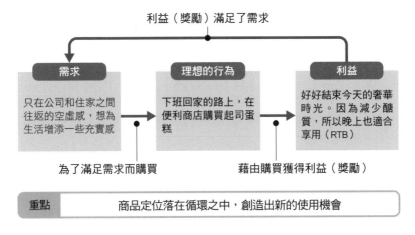

打造「需求→行為→利益」的循環

利益（獎勵）滿足了需求

| 需求 | 理想的行為 | 利益 |
|---|---|---|
| 只在公司和住家之間往返的空虛感，想為生活增添一些充實感 | 下班回家的路上，在便利商店購買起司蛋糕 | 好好結束今天的奢華時光。因為減少醣質，所以晚上也適合享用（RTB） |

為了滿足需求而購買     藉由購買獲得利益（獎勵）

| 重點 | 商品定位落在循環之中，創造出新的使用機會 |
|---|---|

圖表 2-9　品牌的重新詮釋（其三）

　　想要擴大圖表 2-9 所示之新的利用機會，就要改變廣告溝通的方式。在製作廣告時，需要製作如**圖表 2-10** 的廣告設計圖〔創意簡報（creative brief）、導向表〕。雖說如此，其實並不困難。從創意簡報的內容中可以看出，只要按照先前的步驟重新詮釋，幾乎就能自動完成廣告設計圖的內容。實際上，還要先進行測試，驗證重新詮釋的目標、利益和定位的有效性，不過這邊暫時省略並於第五章中詳細解說相關內容。

　　就如圖表 2-10 所示，一旦設定好「目標」和「目標客群」這些部分，我們往往會把注意力放在「填補」每個部分，**但廣告設計的本質並不是填空，而是「創作故事」並將品牌轉譯成顧客價值。**首先應該有一個條理清晰的故事，並將故事內容配置於各個部分才

**新的創意簡報** ●── 記住「需求─行為─利益」的循環，轉變溝通思路

| 目標 | 消費者洞見（customer insight） |
|---|---|
| 讓對起司蛋糕沒興趣，至今不曾買過的人願意購買 | 「白天在工作，為了健康著想，應避免甜食；不過到了晚上，為了幫這一天劃下句點，可吃點甜食，以便從中獲得充實感」 |

| 目標客群 | 利益 |
|---|---|
| ・20到40歲的獨居男性<br>・晚上下班後在便利商店買晚餐<br>・對於只有工作的生活懷抱著空虛感<br>・一天的開始和結束沒有明顯的界線 | 「好好結束今天的奢華時光」 |

| 對現況的認知 | 認知變化 | RTB |
|---|---|---|
| 當工作疲倦時，不妨就喝點葡萄酒、吃點冰淇淋，稍微奢侈一下 | ➡ 想要帶著充實感來結束一天時，起司蛋糕是浮現腦海中的首選 | 「因為減少醣質，所以晚上也適合享用」 |

| | | 媒體 |
|---|---|---|
| | | 夜間時段的廣告影片、下班通勤時間的數位電子看板、POP貼紙、捷運內和車站內的廣告 |

圖表 2-10　製作創意簡報

是正確的順序。

　　如果逐項填寫，即使每個部分都填寫完畢，但是當你綜觀全貌時會覺得並未掌握到核心內容。這是因為「品牌的對象是誰、提供何種價值」、「如何將品牌特色轉譯成利益」這些故事的「根基」部分，還尚未穩固的原故。

　　閱讀至此的讀者可能已經注意到，在進行重新詮釋品牌的過程中需要深入挖掘這些部分。換言之，就是手邊有一個完整的故事，

告訴你「**對於顧客來說，品牌的哪個方面真正具有價值；如何傳達才能發揮自家公司的獨特性並創造出顧客價值**」。因此，只要將故事拆解並配置妥當即可。除了思考在「各個部分」寫上什麼內容之外，也要重視各部分之間的「連貫性」。不僅是廣告開發，商品概念的開發也是相同的道理。

在本章當中所介紹的重新詮釋只是一個例子。對於大家來說，或許還有其他更加令人信服的故事。不過，重點不在於此，**重要的是即使採用觀察行為或訪談等質性研究方法，也要有掌握思考和行為規律性的態度**。比方說，本章著眼的規律性是「由行為獲得獎勵，消費者在體驗之中學習到讓獎勵最大化的方法（合理邏輯）」。這樣的思維在心理學中稱為後效，因此也就是說，**要理解行為規律性所涉及的領域，不只是第一章提到的數學和統計學而已**。

數學和統計學擅長的是透過宏觀的鳥瞰角度理解規律性，因此適合用來制定大方向的策略。但是，當視野縮小為理解有助於開發廣告訊息和改善商品體驗的規律性時，就不適合採用這種方法。在這種情況下，心理學和文化人類學提供了更合適的工具。換句話說，「**採用這個工具的目的為何**」，也就是工具適不適用的問題。

第三章則是站在更高的角度思考，列舉出目前主流的行銷方式與適合未顧客的行銷方式，並且整理出兩者之間的差異。雖然會穿插出現偏向策略和對策以及偏向理組和文組的內容，但誠如前述，「會以未顧客的情況來說，因為會出現什麼問題，所以採用怎樣的方法比較有效」，我想只要在閱讀過程中能意識到上述目的和方法，就能加深學習的深度。

第 **3** 章

# 適用於未顧客的市場行銷策略

## 3-1

# 比較以往的市場行銷與
# 適用於未顧客的市場行銷

　　本章將比較過往的行銷策略與適用於未顧客的行銷策略，並以兩者間的差異為主軸，說明理解未顧客所需要的觀點、與市場行銷有關的各種誤解。透過閱讀本章即可掌握理解未顧客的整體情況。

　　理解顧客和理解未顧客，兩者間的最大差異在於其出發點。我想每個人都有一、兩個喜愛的品牌。但是，除了自己喜愛的品牌之外，其他品牌就是你在日常生活中不會意識到它的存在，就算看到廣告也視而不見，心想「只是普通的物品」。這種把品牌**視為「普通物品」的狀態就是理解未顧客的出發點**。從這個角度出發，為行銷人員提供「採取何種策略才能擴大使用機會」的觀點，這就是理解未顧客的功能。

　　此外，**在傳統的市場行銷當中，有很多對重度使用者和粉絲有效的理論和方法，卻不適合用來獲取輕度使用者和非顧客**。有些行銷理論和方法非但不適合，反而會流失本來能獲取的未顧客，本應提高的銷售額也無法提高而造成利潤受損。筆者本身看過為數不少的案例就是因為這種誤解，導致耗資上千萬、上億日圓的企劃淪為**規模宏大的「行銷家家酒」**。

當然沒有人想要這麼做而落得如此下場。然而，即使認定有效果而採取的行銷策略，卻對問題和解決之道的「本質」產生誤解，結果就會適得其反，這是在任何領域之中都有可能發生的情況。本章也根據這類情況，讓讀者了解適合未顧客的行銷策略，以及與過去的行銷策略之間的差異，並從中掌握處理的訣竅。正如同在獲取新顧客和擴大市場方面，會有「應該採取何種因應方式」、「必須注意何種陷阱」的疑問，我希望當大家在面對這類問題時，都能具備共通的思考方向。

由於本章在解說時，會提到適合輕度使用者的行銷理論背景和先前的研究，所以如果你是屬於「理論就算了，只想知道方法」的讀者，先跳過本章也沒關係。但是，為了重新檢視那些被視為理所當然的行銷常識，我建議目前從事行銷工作的人按照章節依序閱讀。

在本章當中，把過去的行銷理論和適合未顧客的行銷理論之間的差異，整理成如**圖表 3-1** 所示。接下來將依序說明「關於數據驅動（data driven）的差異」、「關於顧客調查和分析的差異」、「關於 STP 策略的差異」、「關於品牌策略的差異」。同時將以往市場行銷的相關誤解用［×］表示、未顧客的市場行銷所需要的觀點則以［○］表示。

圖表 3-1　過去的行銷理論和適合未顧客的行銷理論之差異

| | 以往的市場行銷 | 未顧客的市場行銷 |
|---|---|---|
| 數據驅動的差異 | [×] 只要看過數據資料就等同理解顧客 | [○] 只有理解在數據背後那些會影響顧客購買行為的規則，才可說是透過數據驅動方式獲得在實務上有用的知識 |
| | [×] 只要提出假説並進行驗證，就能獲得正確答案 | [○] 重要的是深入挖掘問題 |
| 顧客調查和分析的差異 | [×] 以理解看得到長相的粉絲和重度使用者為主 | [○] 不符合平均顧客樣貌的少數人，或者使用方法與行銷人員所設想的不同者，這些未顧客就成為新的市場機會的信號 |
| | [×] 深入理解一位顧客，開發適合賣給他的商品和打動他的廣告 | [○] 深入理解一個人是為了發現新的機會、為了瞄準更廣大的新市場而重新檢視品牌的方法 |
| | [×] 透過人物誌理解顧客的個性和心理層面很重要 | [○] 理解在什麼條件和情況下會發生與平時不同的想法或行為，更加重要 |
| | [×] 理解人很重要 | [○] 理解情境脈絡更重要 |
| | [×] 雖然認為聽取顧客的意見很重要，但顧客也無法正確回答自己為何這麼做，所以最後還是靠自己思考最好 | [○] 顧客有自己的合理邏輯。即使看似沒有明確理由的行為，只要理解情境脈絡，就能釐清行為的原理 |
| STP 策略的差異 | [×] STP 是具備可再現性的方法，這一點毋庸置疑 | [○] 很多研究人員對於 STP 中的 S，即市場區隔的有效性提出質疑 |
| | [×] 細分現有市場，鎖定目標客群 | [○] 打破現有市場的框架並重新定義市場 |
| | [×] 以人為目標，找出其定位 | [○] 以生活脈絡和生活場景為目標，從顧客的行為和活動中找出定位 |
| | [×] 必須按照 S → T → P 的順序思考 | [○] 以日本企業的情況來説，有時更容易接受的順序是 P → T → S |
| 品牌策略的差異 | [×] 只要提高忠誠度就能提高市占率 | [○] 想要增加市占率，必須提高普及率 |
| | [×] 社群網路（SNS）和粉絲口碑是能用低成本獲取新顧客的魔法棒 | [○] 口碑行銷也是遵循雙重危機定律（double jeopardy law）。某些人所説的魔法棒並不存在 |
| | [×] 顧客在日常生活中會想到品牌，希望與品牌有交集 | [○] 對品牌的愛、羈絆和連結，這類詞彙充其量只是比喻，實際上很少有人對品牌抱持著像對待人一樣的情感和態度，而且這些對於市占率或事業成長沒什麼影響 |

# 數據驅動的差異

「**數據驅動**」是容易產生誤解的詞彙之一。筆者經常站在「理解顧客」專家的立場，參與新業務或市場行銷的企劃案，也經常會遇到認為自己「因為看過數據資料，所以能理解顧客」的人。雖然有各種不同的數據資料，例如進行市場調查、分析數位平台的數據、透過客服中心蒐集顧客意見、確認社群網路上的回應等等，但我個人的印象卻是「看到資料 = 理解顧客」的認知已根深蒂固。數據資料的確有助於了解顧客，但是因為看過資料就認為已經理解顧客，這種想法未免過於武斷。

[×]只要看過數據資料就等同理解顧客
[○]只有理解在數據背後那些會影響顧客購買行為的規則，才可說是透過數據驅動方式獲得在實務上有用的知識

你曾經聽過「不要思考，用心感覺」（Don't think. Feel）這句話嗎？這是李小龍在電影《龍爭虎鬥》（1973 年）中的著名台詞。在這句話之後跟著一句台詞，大意如下：

我是因為想讓你注意到月亮，所以用手指月，但你為何看著我的手指呢？

這就是被稱為「指月之喻」的禪宗教義。由於這段話能充分表現出數據資料與顧客的關係，所以我想簡單介紹一下。在這個譬喻當中，將月亮隱喻為佛教的真理，手指則隱喻為佛教的佛經。換句話說，不要把注意力放在手指（佛經）本身，而是要將目光朝向手指（佛經）所指向的月亮（真理）。若以市場行銷的情境脈絡來看，手指可解釋為數據資料，月亮可解釋為顧客吧。

正如這句話所示，就算閱讀過數據資料也未必能夠理解顧客。數據資料就是「結果」，只看結果並無法知道為何會出現這樣的結果。重要的是研究為何會出現這種結果的過程和機制，並且能夠重現這個結果。這樣的研究才是「理解顧客」的本質。只有充分理解在數據資料的背後，那些會影響顧客購買行為的規則和規律性，才可說是透過數據驅動方式獲得在實務中有用的知識。

此外，「**假設驗證**」也是帶有投機意味又方便好用的詞彙。只要是從事行銷工作，總會有人在某個時刻教導你：「科學的方法就是提出假設並進行驗證。」然而，不知從何時開始，有時候這句話卻被簡化曲解為「只要提出假設並進行驗證，就能獲得正確答案」。也就是說，即使是一時興起的某個想法，如果把這個想法稱之為假設，然後蒐集一些數據並進行測試，就能將這個想法視為正確，就某種意義而言，這儼然成為一張「思考停滯的贖罪券」。

［×］只要提出假說並進行驗證，就能獲得正確答案

［○］重要的是深入挖掘問題

就理解顧客而言，這是非常危險的思維方式。因為你會停止思考，甚至阻擋他人的想法，例如「這是用科學方法所導出的結果，所以肯定是正確答案」、「因為經過驗證，所以今後必須把它視為正確答案」。然而，**假設驗證的流程並不是只做一次就能完成，而是一個持續不斷的過程**。從先前的研究或觀察之中產生疑問，提出假設、進行驗證，然後由這個驗證結果產生下一個問題（**圖表 3-2**）。

如果一開始的提問就是錯誤的，即使提出假設並進行驗證，也只是從錯誤的方案中選出相對好一點的方案而已。在理解顧客方面，重要的是**在驗證假設的初步階段就提高問題（研究課題）的精確度**。第一個問題的答案將會引導出下一個問題，然後藉由回答問

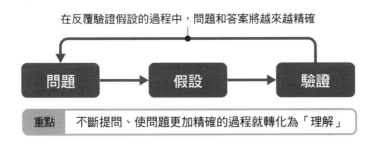

**理解顧客是一個持續的過程**

在反覆驗證假設的過程中，問題和答案將越來越精確

問題　→　假設　→　驗證

重點　不斷提問、使問題更加精確的過程就轉化為「理解」

圖表 3-2　理解顧客是一個持續的過程

題讓下一個問題更接近核心。雖然事實（現象）只有一個，但是有多少人就有多少種真相（對於現象的詮釋）。即使驗證一項假設，也不可能讓你百分之百「理解」陌生的顧客；相反的，我認為**在不斷提問、使問題更加精確的過程，才是最接近「理解」的狀態**。

# 顧客調查和分析的差異

其實對於理解顧客這件事也存在許多誤解。第一項誤解就是深信「我們的主要目標客群就是這樣的人呢」。行銷人員往往會用這種語氣說話，例如「只有這些人會購買我們的品牌」、「想要提高銷售額，就必須鎖定這個客群開發商品」。但是，對於行銷人員的這些言論，你或許也曾想過「真的是這樣嗎？」「為什麼必須限定這個客群呢？」話說回來，我想當公司在製作商品時，也不會認為只要符合顧客輪廓的消費者願意購買就好了。

[×] 以理解看得到長相的粉絲和重度使用者為主

[○] 不符合平均顧客樣貌的少數人，或者使用方法與行銷人員所設想的不同者，這些未顧客就成為新的市場機會的信號

行銷人員容易看到的是可看見長相、符合平均值的顧客樣貌。但是，如果一直固守這個觀點，就無法看見新的市場機會。重點是在使用品牌的生活場景中，思考**「顧客的目標」**是什麼。行銷人員的目標是讓消費者願意購買，但對顧客來說，在購買和使用品牌之

後，讓自己變得更好或改善生活才是目標所在。換句話說，顧客是在「生活」這個更大的範圍內看待品牌，所以**品牌價值也會隨著使用場景和情境脈絡而有所不同。**因此，理解品牌與顧客生活的交集點相對重要，例如了解顧客使用品牌的場景和目的為何。特別重要的是，**注意那些不符合平均顧客樣貌的少數客群，或是出現意想不到的使用方式。**關於這部分，將在 4-2 節中詳細介紹。

現在的市場行銷強調將一名「消費者」視為擁有情感和理性的「人」，並深入理解其重要性。但是，由於人物誌和顧客旅程等「方法」已在業界廣為普及，所以也能看到許多誤解其本質的情況。舉例來說，當你說要深入理解一位顧客，開發出適合他的商品或廣告時，有時會出現反對意見，像是「僅憑少數幾人的數據就做決定，太危險了，我們又不懂統計學」、「除非有一定的市場規模，否則無法通過審核」等等。我想恐怕是「開發適合賣給那個人的商品和廣告」的部分容易引起誤解。

........................................................................

[×]**深入理解一位顧客，開發適合賣給他的商品和打動他的廣告**
[○]**深入理解一個人是為了發現新的機會、為了瞄準更廣大的新市場而重新檢視品牌的方法**

........................................................................

深入研究單一顧客的質性分析並不是為了把商品賣給那個人，而是**為了發現在個人背後所代表的廣大市場和購買行為的規律性。**如果試圖「直接」觀察許多人並找到多數人的共同需求，無論如何都會淪為將資訊壓縮後的見解，例如平均值或分數等等。

相對於此，若是深入理解少數人的生活脈絡，有時候會發覺以前不曾注意到的規律性。比如在特定情況下經常觀察到的行為模式、慣性思維，或是取決於情境脈絡的獎勵等等，不過這些規律性絕非僅限於單一個人，如果能化為言語和商品，就是可能在大眾市場上重現的規律性。為了能找到這種新的切入點、**鎖定更大的市場而「重新檢視（重新詮釋）品牌」，就是深入理解單一顧客的本質**。因此，正如大家常說的，就算為實際上不存在、想像中的顧客勾勒顧客輪廓，或是製作顧客旅程，也毫無意義。

---

[×] 透過人物誌理解顧客的個性和心理層面很重要
[○] 理解在什麼條件和情況下會發生與平時不同的想法或行為，
　　更加重要

---

說到理解顧客，我們往往會認為就是了解顧客的屬性和心理層面，例如顧客的性別、年齡、價值觀、個性、生活方式、興趣愛好等等。在目前的市場行銷當中，我想行銷人員經常根據這些資訊來製作人物誌，也會思考「因為目標客群屬於這類型的人，所以這樣的文字更能打動他們」或「這種概念似乎更好」等等。比方說，你是否看過像下方這樣的目標受眾輪廓呢？

---

**商品：不含乳製品、酒精含量低於 1% 的飲料（以顧客屬性或心理層面為主軸，目標客群的設定範例）**
目標客群的人物設定是「注重健康、經常選擇天然水或碳酸水；對

設計的敏感度也很高，會選擇放置在生活空間內不顯突兀的包裝設計；熱衷於排毒或瑜珈、居住在東京都、從事服裝工作、年齡已邁入三字頭的女性」

不過，如果你試圖用這種人物誌來理解未顧客將會以失敗收場。首先，這個人的個性與她對品牌無感，這兩者之間並沒有關聯。所謂的不感興趣，**並不是「因為」她擁有特定的價值觀和思考方式，而是她「只是」對品牌無感而已**。在談論是否符合自己的價值觀之前，就連成為談論對象的資格都沒有，所以才會對品牌漠不關心。因此，不管是製作未顧客的人物誌，或者試圖對未顧客進行剖析，都是竹籃兒打水一場空。

其次，我們經常看到有人以使用「顧客輪廓」和「目標客群樣貌」的方式，來使用人物誌。如果是用來理解忠實粉絲或重度使用者倒是無妨，但是若是用來理解未顧客，那就必須釐清人物誌原本的涵義。「人格面具」一詞最初是由榮格（Carl Gustav Jung）所提出的心理學術語。

榮格心理學認為人會根據周遭人所期望的角色，而戴上不同的面具、扮演不同的角色。在公司扮演值得信賴的上司，在家裡扮演不拘小節的父親，和大學同學一起去喝酒的時候，則是戴上插科打諢的丑角面具，我們會根據時間、地點、場合戴上不同的面具。榮格心理學把這種根據情況和對象，分別使用不同人格（面具）的現象稱為「**人格面具**」；相反的，為了扮演這些角色而被壓抑的情感和人格則稱為「**陰影**」。陰影與人格面具的性質完全相反，一般

認為人格面具一定會伴隨著陰影，就如同哲基爾和海德（Jekyll and Hyde）* 一樣。

顧客也是如此，他們在社交生活中會根據當時的情況、心情和對象等條件，分別使用不同的人格面具。而顧客的想法、喜好和品牌的選擇，當然也會隨著他所戴的面具而改變。換句話說，人格面具是存在於同一個人內心中的不同人格，並不代表在市場上存在不同的人。如果把人物設定和顧客樣貌或目標客群輪廓當成同義詞看待，就會產生誤解，而這種誤解將會妨礙你對未顧客的理解。

如果是一般的行銷策略，或許只要將健怡可樂賣給設定為注重健康的人，將第三類啤酒賣給設定為重視性價比的人即可。但是，**所謂的理解未顧客，是指理解如何將普通可樂賣給注重健康的人、將頂級啤酒賣給重視性價比的人**。無論人物誌再怎麼詳盡地描述顧客一貫的價值觀和平時的行為，你都無法從中找到「**與平時不同的路徑**」。

如果對於品牌的喜好和選擇會因面具而改變，那麼更重要的是理解消費者會在何時更換面具，**在什麼情況下會從人格面具變成陰影**。重視健康的人在什麼時候會想喝普通可樂呢？在滿足怎樣的條件下，即使是重視性價比的人也會購買頂級啤酒呢？為了獲取未顧客就必須理解「**在特定條件下，思維和行為的變化以及這些變化對選擇品牌所帶來的影響**」。

---

\*　編註：他們是《化身博士》（*Strange Case of Dr Jekyll and Mr Hyde*）一書中的人物，有著善惡截然不同的格性。

從這些研究考察當中，我們可以得到一些實務上對理解未顧客的重要啟示。首先，要在排除情境脈絡的情況下，試圖理解人和購買行為之間的關係其實毫無意義可言，**因為人的行為和想法會根據當時的情況千變萬化**。製作未顧客的顧客輪廓，心想「這個目標客群是這種價值觀、這種思維，所以這樣的商品會暢銷、這樣的訊息能觸動人心」，就算用這種邏輯提出行銷策略也沒什麼效果。

其次，**真正需要理解的不是人，而是「取決於當場、當時的情況」**。不是只根據人的屬性和心理層面思考行銷策略，而是思考當人處在特定情況下，想要扮演的角色是什麼？在其背後被壓抑的心理是什麼？當人處在這種進退維谷的狀態時，會採取什麼行動？理解這種內心世界與外在環境的相互作用以及其中的規律性，才有助於制定適合未顧客的行銷策略。

從這個角度來看，**當對象是未顧客時，建議以「情境脈絡」為目標，而不是以「人」為目標**。不是將市場劃分成幾個區塊，然後決定目標市場，而是將使用該類別商品的人（或大多數人）在日常生活當中會遇到的購買契機（生活場景或生活脈絡）設為目標。若以剛才提到的飲料為例，可以採用下面的方法來設定目標客群。

**商品：不含乳製品、酒精含量低於 1% 的飲料（以情境脈絡為目標）**
目標客群是「外出時覺得口渴的所有人」

將情境脈絡設定為目標的好處在於，不限定客群、可以將品牌結合生活中的各種場景，並從這種觀點制定行銷策略。

未顧客是就算知道品牌也沒興趣的一群人。因此，有效的方法是從心理層面和物理層面，將品牌連結到生活場景或使用時機（如「外出時覺得口渴」）上。我們將觸發使用商品的場景或時機，稱為**品類進入點（CEP）**，為了獲取更多的未顧客就必須讓品牌連結更多的 CEP。這是因為市占率越大的品牌，就擁有越多的 CEP（Romaniuk & Sharp, 2022）。換句話說，由於**擁有許多「通往品牌的入口」**，所以未顧客接觸到品牌的機率很高（**圖表 3-3**）。

至於如何找到 CEP？如何才能讓品牌連結 CEP？這部分將於第四章詳細說明。

顧客的實際行為經常與訪談和問卷調查中所說的內容不同，我們應該如何面對這樣的矛盾呢？我們通常認為行為必定有其理由，也就是先有原因，後有行為，但是未顧客的情況恰恰相反，**他們是行為在前，理由在後**。未顧客選擇品牌並沒有具體的理由，基本上是無意識的行為，像是在 SNS 上留言或回答調查問卷等等，需要用言語表達的時候，他們會先思考自己能接受的理由才回答。無論是市場調查、客服中心蒐集的顧客意見或 SNS 上的回饋，其實大部分都是「後來加上的理由」。因此，如果試圖讓顧客告訴你

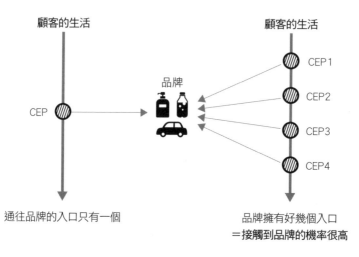

**CEP（品類進入點）越多，品牌被選中的機率越高**

圖表 3-3　CEP（品類進入點）

「購買理由」、「怎麼做才會想要購買更多」之類的「答案」，你就會被這些答案所誤導。

　　為了預防這種情況發生，與其直接詢問答案，不如從使用品牌的場景中所發現的事實去思考「**顧客的合理邏輯**」。當身處在這種情況時，人會做出怎樣的反應？在這種條件下，合理的判斷和行為又是什麼？以事實為基礎，探究並思考對那個人來說，什麼是有價值的。

........................................................................................

　[×]　雖然認為聽取顧客的意見很重要，但顧客也無法正確回答自
　　　　己為何這麼做，所以最後還是靠自己思考最好

**[○] 顧客有自己的合理邏輯。即使看似沒有明確理由的行為，只要理解情境脈絡，就能釐清行為原理**

雖說消費者是在無意識中挑選品牌，但也不代表是完全隨機的行為，相關內容會在 4-3 節詳細說明。正如彼得・杜拉克（Peter Drucker）在過去曾說過，我們應該認為**顧客有自己的合理邏輯**（Drucker, 1964）。行銷人員無法看到顧客的生活脈絡，即使是看似沒有明確理由的行為，只要理解他的生活脈絡就能發現行為的原理。找到這種「**依附在情境脈絡下的合理邏輯和行為模式**」，就是理解未顧客的關鍵所在。

如果不符合顧客的合理邏輯，他們就不會接受那些想法或構思。如果不了解顧客的合理邏輯，無論公司召開多少次內部會議、再怎麼雕琢想法，那都是以「企業的合理邏輯」所思考出來的構想。只不過，它們不一定符合顧客的合理邏輯。如果在顧客的眼中烏鴉是「白色」的，那麼無論電視機的解析度有多高、性價比有多好，烏鴉看起來是黑色的電視機就絕對賣不出去。

廣告也是相同的道理，說服式廣告就更是如此。即使具備相同功能，只要符合顧客的合理邏輯，就能順利傳達文案內容，一旦聽起來不合理，顧客就無法接受。舉例來說，不管你再怎麼說明這是一款濃縮型洗衣精，只需按壓一次的量就能洗淨汙垢，那些習慣傳統洗衣粉的人還是會連按好幾次，因為他們認為只按壓一次洗衣精的量是不可能清除汙垢的。如果是這樣的話，應該將按壓兩次的分量視為適量，並傳達「一般的汙垢請按一次，頑強的汙垢請按兩

次」之類的訊息。

特別是面對未顧客時，**行銷人員必須反學習（unlearn，暫時忘卻所學並重新認識）那些自視為理所當然的行銷常識**。理解未顧客就是承認行銷人員的合理邏輯和未顧客的合理邏輯並不相同、注意到不同之處、用語言表達並加以比較，重新學習對於未顧客來說理所當然的常識，根據這些重新設計行銷策略和對策。換言之，理解未顧客的方向，就是「行銷人員本身的重新理解」和「對品牌的重新詮釋」。

從理解顧客邁向理解未顧客，應該還有一件事需要反學習。那就是向來被行銷人員視為「王道」——以市場區隔和忠誠度為主的行銷策略。當前市場行銷的基礎包括科特勒提出的 **STP 理論**（Kotler & Keller, 2006），以及艾克（David A. Aaker）提出的品牌權益及**品牌忠誠度**（Aaker, 1991）吧。如果是致力於市場行銷的企業，將這些策略加以組合，大致可形成以下策略吧。

「首先將消費者進行分類、鎖定目標客群、開發適合目標客群的商品、進行溝通和開拓通路。為了讓品牌獲得穩固的市場地位，推動商品差異化並透過 CRM 和 SNS 提高品牌忠誠度，增加粉絲數量。雖然也透過大眾廣告進行品牌推廣，但在績效指標上，我們重視短期內的投資報酬率（ROI）和顧客推薦意願，特別是電子商務（electronic commerce, EC），將透過簡潔而快速的促銷活動，有效提高顧客活躍度」。

**適用於非顧客和輕度使用者的行銷策略與上述方法的著眼點截然不同**。此外，在獲取新顧客和創造使用機會等方面，傳統的理論

和慣用方法並不適用，甚至經常出現適得其反的情況。如果不了解這些差異，可能會發生目的與方法不一致，因而導致將預算花在不該花的地方，而原本應該使用預算的地方卻沒有預算。接下來，我會先針對「STP策略」和「品牌策略」列舉出幾個陷阱，同時說明在理解未顧客時應該採取的觀點。

# STP 策略的差異

說到市場行銷，STP 是一種經常被採用的行銷策略，但其實 STP 中的「S」，**也就是市場區隔，其概念及有效性曾屢次受到質疑**。所謂的市場區隔，是指根據性別、年齡等人口統計變數以及價值觀、生活型態等心理統計變數等變項，來劃分市場（將顧客分成不同組別）的意思。但是，如果這些市場區隔其實只是紙上談兵，或者即使存在，數量和規模也不斷變化，無論是否劃分市場區隔，收益都不會有太大變化時，該怎麼辦呢？

[ × ] **STP 是具備可再現性的方法，這一點毋庸置疑**

[ ○ ] **很多研究人員對於 STP 中的 S，即市場區隔的有效性提出質疑**

實際上，根據顧客的特徵和屬性劃分市場區隔，並根據各個區塊的解釋思考 4P（對策、攻法），有許多論文對於這種邏輯及流程的有效性表示擔憂。舉例來說，研究人員指出劃分市場時，變數選擇的任意性；市場區隔的數量和規模；從時間序列來看市場區

隔的穩定性；市場區隔的可再現性；相較於不以特定區塊為目標市場時，可使整體收益增加的根據等等（Collins, 1971; Wind, 1978; Yuspeh & Fein, 1982; McGuinness et al., 1992; Hammond et al., 1996; Hoek et al., 1996; Wright, 1996）。

　　關於在市場區隔當中，特別常用的人口統計變數和心理統計變數，藉由分析超過五十個商品類別、大約二萬名消費者的大規模調查顯示，雖然可以解釋什麼人會使用哪種類別的商品，卻無法解釋他們對品牌的喜好或選擇（Fennell et al., 2003）。筆者曾經任職於市場行銷科學部門，不僅自己做過多次市場區隔，也看過市場調查公司和廣告公司劃分的市場區隔，從特徵上看，只有重度使用者比例較高的區塊與其他區塊顯著不同，而輕度使用者的區塊並沒有太大的差異，所以也曾有過難以解釋的經驗。

　　這些都是實務工作中非常重要的啟發。正因為每個市場區隔的喜好和購買傾向相對穩定，所以我們才會開發適合該區塊的商品和廣告。然而，這個前提崩塌，就是一件棘手的重大問題。儘管已推動行銷策略，但銷售額表現不佳時，我們就會思考「可能對消費者洞見的解讀有誤」、「是不是沒能充分傳達產品性能的優點」，而重新審視對策。但是，如果身為基礎的市場區隔不穩定，無論再怎麼改善策略都沒有意義。

[×] **細分現有市場，鎖定目標客群**
[○] **打破現有市場的框架並重新定義市場**

在針對 STP 的有效性提出質疑的研究當中，最引人關注的是研究報告內容指出，**競爭品牌之間擁有相同的顧客輪廓**（Hammond et al., 1996; kennedy & Ehrenberg, 2001）。行銷人員經常認為「我們的品牌與眾不同，能吸引到不同的客群」，但是根據這些研究顯示，競爭品牌的購買者幾乎都是同一群人。當然，價格和使用目的差異很大的品牌不會形成競爭關係，所以客群也不相同（如兒童麥片和成人麥片）。

一般而言，我們已知品牌的顧客比例，會接近該品牌所屬商品類別的顧客比例（Sharp, 2010）。舉例而言，如果整個類別的顧客比例是男性 50%、女性 50%，那麼該類別的所有品牌的顧客比例，都會或多或少接近這個比例。因此，即使企業希望增加女性顧客，針對女性顧客推出新的商品系列，只要顧客認定商品是屬於同個類別，就不會出現只有這項商品的顧客比例懸殊（如女性 90%、男性 10%）的情況。

這件事情意味著一個品牌可以獲取的顧客，基本上是由該品牌所屬的類別，也就是市場所決定。換句話說，品牌能獲取的顧客和無法獲取的顧客，取決於品牌在哪個市場競爭，所以這不是藉由策略層面設定目標市場就能大幅改變的事。因此，想要擺脫這種束縛並獲取新顧客，就必須讓顧客認為這是「屬於其他市場的品牌」。由此可看出，市場區隔對於理解未顧客的原本意義。

從 segmentation 一詞可以翻譯成「細分」來看，一開始給人的印象就是「分類區別的感覺」。如果直白地解釋 STP 的邏輯，那就是接受「為了選擇和集中市場而犧牲規模」的方式。舉例而言，將

人數為一千萬人的市場劃分為，A：五百萬人、B：三百萬人、C：二百萬人，「雖然 C 的規模較小，但競爭對手並未占據主導地位，我們可充分發揮自家公司的特點。不妨以這塊市場為目標，根據這群人的喜好和價值觀進行品牌定位」類似這樣的想法。

但是，在理解未顧客時的想法與此不同。**市場區隔的本質不在於「將市場細分成小市場」，而在於「市場的重新定義」**。為了獲取更多的輕度使用者，我們應該**嘗試重新詮釋品牌**，使目標市場超過原來一千萬人的市場規模，這就是理解未顧客的觀點。也就是說，擺脫「市場規模只有一千萬人」、「必須在這個市場中擴大市場占有率」的「束縛」，將市場規模回歸到人口總數一億兩千萬人，[*] 從這個基礎出發重新建構品牌，讓更多人成為顧客，對於理解未顧客而言，這才是市場區隔的本質。

如果把細分後規模較小的區塊當成目標市場，想在這個區塊內獲取顧客的成本會立刻變高。在電子商務等行業中，由於是以數值形式呈現，所以容易理解，其實在一般通路也是相同的原理，只是不容易看到數值而已。**如果持續對同一個目標客群採取行銷策略，報酬會逐漸減少，所以市場狹小本身就是不利因素**。因此，特別是在獲取未顧客和創造使用機會時，第一步就是要盡量把更多的顧客納入目標市場的範圍內。

---

[*] 　編註：這裡是指日本的人口總數。

［×］以人為目標，找出其定位

［○］以生活脈絡和生活場景為目標，從顧客的行為和活動中找出
　　　定位

　　當我們改變對於市場區隔的看法時，目標市場和市場定位的觀
點也會隨之改變。即使市場區隔不是實際存在，但在日常生活中確
實存在購買品牌的契機（**CEP**）。不是針對特定的客群，而是將大
多數未顧客可能會面對的生活場景和生活主題視為目標，不妨試著
從這樣的角度出發吧。

　　先前在人物誌的部分也提過，選擇品牌不僅僅是由人的屬性和
心理層面所決定。什麼商品特性會有其價值，取決於人與當時所處
情境之間的相互關係，而且會隨著生活脈絡而有所改變（Allenby,
et al., 2002; Fennell & Allenby, 2002; Yang et al., 2002）。因此，根據
CEP 的情境（生活場景、身旁的人、預期的人格面具等等），當
下會選擇的品牌也會有所不同。顧客並不是只用一個考慮集合
（consideration set）來應對所有的 CEP，而是根據 CEP 的情境脈絡，
進而形成數個喚起集合（"context-specific evoked sets"）（Romaniuk
& sharp, 2022）。因此，排除從一開始就決定購買商品的粉絲來看，
**當未顧客在選擇品牌時會依「情境脈絡」而改變，他們會根據當下**
**的情況形成喚起集合，再從中依機率選出適合的品牌。**

　　如果是這樣的話，我們應該以情境脈絡為目標，從情境脈絡中
**的行為找出定位。**充分了解未顧客在購買契機（CEP）中關注什麼

事情、購買商品的目的為何、在什麼行為中會使用到商品，再依此將商品特性和廣告資訊進行最佳化處理。不妨用「完成目標任務」（job to be done）＊的角度去思考吧，例如將「在工作的空檔洗衣服」、「帶著孩子去海灘」、「和朋友喝啤酒」這些都視為能觸發購買契機的任務，並落實於行銷 4P 中，以提高在處理這些任務的行為中使用品牌的機率。

除此之外，還有一種方法是從有利的競爭中尋找新的 CEP。具體方法將在 4-2 節中舉例說明，但首先暫時放下「目標必須是人」的常識，請記得「以顧客的生活脈絡為目標、從顧客的行為中找出定位」（圖表 3-4）。

另一張處方箋則是不以市場區隔之間的差異為出發點，而是以**「對於顧客來說，實際上有價值的品牌利益是什麼」**為出發點，換句話說，從現有的市場定位開始思考。

---

［✕］**必須按照 S → T → P 的順序思考**

［〇］**以日本企業的情況來說，有時更容易接受的順序是 P →**
　　　**T → S**

---

日本企業以產品為導向的文化至今仍然根深蒂固。要製造什麼樣的產品或提供什麼服務，在開發過程中就已經決定好產品或服務的架構，行銷人員的工作就是找出能夠接受這個架構的目標客群、

---

＊　由哈佛商學院教授克雷頓・克里斯汀生（Clayton Magleby Christensen）所提出的概念，表示品牌被採用的理由，也被翻譯成需要處理的事項等。

## 以生活脈絡為目標、從顧客的行為中找出定位

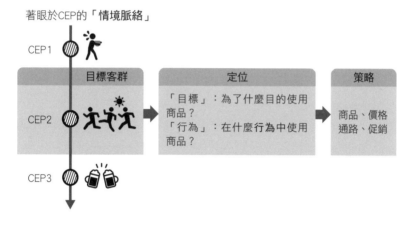

圖表 3-4　以生活脈絡為目標、從顧客的行為中找出定位

落實行銷策略，這種模式應該也很常見吧。在這種情況下，我想有時也會出現按照 S → T → P 順序卻無法順利進行的情況。因此，在推出新商品或服務時，建議不要按照 S → T → P 的順序，而是反過來，**按照 P → T → S 的順序思考。**

換句話說，並不是：

【S → T → P】市場上有什麼樣的人、人數是多少（S）；鎖定
　　　　　　　哪種客群（T）；這個客群能接受的商品概念和
　　　　　　　訊息是什麼（P）

而是反向思考：

【P → T → S】可接受品牌的哪些方面並認為有其價值（P）；
這些人還有哪些尚待完成的任務（T）；這個市
場規模有多大（S）

實際上，品牌的哪些方面或哪些特色能被顧客接受並視為利益（what），以此作為想法的起點，其理由是什麼（why）、商品或服務的對象是什麼人（who）、在什麼時候（when）、什麼場景能派上用場（where），透過理解上述的情境脈絡，雕琢想法（how）並推廣給更多的輕度使用者。

雖然是筆者個人的感想，但日本企業的開發部門擁有較強的發言權，往往更容易接受 P → T → S 的順序。這種企業並非由市場行銷主導，而是相信自己開發的商品很好，知道願意接受商品的人是誰、在什麼的情境脈絡下更容易傳達出商品的價值，把市場行銷定位為「將商品和服務轉譯成顧客價值的工具」，或許更符合日本企業的心智模型（mental model）。

但是，P → T → S 適用於剛剛推出的新產品或已經確立利基地位的情況。請注意，對於已經上市一段時間，而且仰賴重度使用者和粉絲的品牌來說，P → T → S 可能效果不佳。

# 品牌策略的差異

　　本書的主題是關於未顧客，也就是闡述非顧客和輕度使用者的重要性，它最初是由消費者行為的機率模型大師安德魯・愛倫堡（Andrew Ehrenberg）所提出。愛倫堡教授發現反 J 字形的「**負二項分配**」（**NBD**）可以用來預測品牌的購買頻率（Ehrenberg, 1959）。後續的研究也證實這項定律在不同國家和不同商品類別之間都具有可再現性（Romaniuk & Sharp, 2022）。

　　研究學者透過負二項分配也發現許多與購買行為和市場特性有關的重要法則。其中，夏普教授就是以愛倫堡教授的研究為基礎再深入探索分析，透過他的著作《品牌如何成長？行銷人不知道的事》（*How Brands Grow: What Marketers Don't Know*）（日文書名：《品牌的科學》），也讓世界各地的行銷人員認識到「**雙重危機定律**」（Sharp, 2010；前平譯，2018）：

　　**雙重危機定律**：市場占有率較低的品牌，購買的顧客人數也非常少。此外，這些顧客的行為忠誠度和態度忠誠度也都偏低（Sharp, 2010；前平譯，2018，頁 8）。

雙重危機定律在世界各地的行銷人員之間引起贊同和反對兩種意見，當然日本也不例外。換句話說，這個定律就是「市占率越高，顧客人數就越多，忠誠度也越高」，但問題點在於**這個方向是不可逆的**。也就是說，**雖然顧客越多，忠誠度就越高，然而即便提高忠誠度，也不代表顧客人數和市占率就會增加**。誠如前述，品牌忠誠度可謂是市場行銷主流中的主流，因此這種「即使提高忠誠度，市占率也不會增加，事業也不會成長」的主張很難被接受。話說回來，為什麼雙重危機定律是不可逆的呢？

[×]**只要提高忠誠度就能提高市占率**
[○]**想要增加市占率，必須提高普及率**

　　首先，雖說是忠誠度，也有心理層面和行為層面之分。心理層面指的是情感連結，像是對品牌的喜愛或是與粉絲之間的牽絆等等。行為層面指的是購買頻率和價格溢價（即使價格較貴也想購買）等等。就行銷人員而言，希望透過提高心理忠誠度來提高行為忠誠度，只要行為忠誠度提高就能增加銷售額，但是行銷科學的研究學者卻說並非如此。

　　具體來說，與銷售額直接相關的是行為忠誠度，例如購買頻率或次數等等。無論對品牌懷有多麼深厚的情感連結，若不能反映在購買行為上，就無法變成銷售額。行為忠誠度與銷售額的關係如**圖表 3-5** 所示。首先，當市場占有率增加時，普及率也會隨之增加，也就是說，至少購買一次的顧客人數增加。只要顧客人數增加，選

## 隨著普及率的增加，NBD分布會向右偏移，因此負二項分配的平均購買次數（忠誠度）也會略微增加

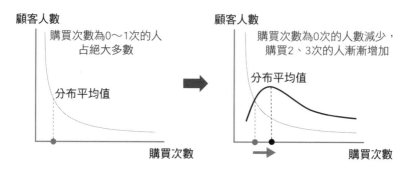

表 3-5　行為忠誠度與銷售額的關係

擇品牌的總次數也會隨之增加。舉例來說，迄今購買次數為零（不購買）的人會購買一次，而在購買一次的人當中，也會出現購買二次的人，整體來看，品牌被選擇的次數增加，負二項分配向右偏移。若從往右偏移後的分布中求取購買次數，也就是顧客忠誠度的平均值，可以看出數值會比原來的分布略高一些。

或許有人認為「透過忠誠度方案（loyalty program）和粉絲行銷來提高重度使用者的行為忠誠度，效果也是一樣吧」，但這個想法不切實際。我會這麼說，是基於幾項理由。首先，對於購買頻率已經很高的重度使用者來說，要他們買更多有其困難，比方說，沒有人會因為自己是某款洗髮精的狂熱粉絲，就一天洗五、六次頭吧。

即使購買頻率略微增加，但由於絕對不變的重度使用者「數量」很少，從整體分布來看，平均購買次數並不會產生太大變化。

那些你平時認為是自家公司顧客的人，其實有很多**是競爭品牌的重度使用者，只是偶爾也會購買你家品牌**（Ehrenberg, 2000）。更何況競爭對手也會針對重度使用者採取行銷策略，所以**想要培養只鍾情於自家品牌並且大量購買，也不會移情別戀買其他品牌的夢幻顧客，可謂是不切實際的想法**。

相關內容將在 3-6 節中詳細解說，從數學角度來看，拆解雙重危機定律後可以得知**忠誠度（購買頻率）是普及率的函數**。由於我們無法直接提高忠誠度，而是隨著普及率的增加而間接提高它，因此我們應該透過行銷活動直接**提高普及率**。

另一方面，也存在防止流失（留存）的觀點。無論是心理層面還是行為層面，忠誠度都是不穩定的因素，如果放任不管，顧客只會逐漸流失，所以能延緩流失現象，就代表可望具備一定的效果。特別像是訂閱制這類非買斷型的商業模式，顧客流失會很明顯地反映在銷售額上。但是，顧客流失也存在令市場行銷束手無策的一面。在重度使用者當中，一定會有幾成的人變成輕度使用者，重度使用者和輕度使用者會定期地更迭。這種現象就稱為**均值回歸**（指逐漸趨向平均值），不僅在行銷領域，所有的數據資料都會發生這種現象。而且不管行銷策略的好壞，這種現象都會發生，也不是採取策略就能阻止得了的。此外，也有人煞有其事地說只要防止些微的顧客流失率就能大幅提高利潤，但正如第一章所述，這並不是所有企業都普遍適用的法則。

就結果而言，企業需要做的並不是如何防止顧客「流失」，而是在發生「流失」的基礎上，不斷努力獲取未顧客，讓未顧客成為

下一個「重度使用者」。比方說，許多老字號品牌將流失的顧客視為未顧客，吸引他們重新成為新顧客，在不斷重複的過程中讓品牌成長。剛剛變心的顧客當然無法這麼快讓他們回心轉意，不過重度使用者會留下使用商品或服務時的記憶。

這種基於過去使用經驗所建立的記憶，就是品牌的資產。在現在的情境脈絡下，重新詮釋品牌，可以喚醒這類未顧客腦中「雖然以前有用過，但現在不使用了」的記憶。透過更新和重新活化對品牌的記憶，為顧客提供再次使用的契機（CEP）。這就是歷史悠久且知名度較高的品牌，在重新定位時經常使用的方法。

----

[ ✕ ] 社群網路（SNS）和粉絲口碑是能用低成本獲取新顧客的魔法棒

[ ○ ] 口碑行銷也是遵循雙重危機定律。某些人所說的魔法棒並不存在

----

使用者的心聲透過 SNS 更容易傳達給行銷人員。筆者根據周遭的行銷人員所言，好像也有經營者把 SNS 的按讚數和追蹤人數當成績效指標。雖說操作社群網路更容易引起關注，但也不代表能立即提高品牌在顧客心目中的重要程度。此外，有時也會遇到有些人將 SNS 和粉絲行銷視為「既可低成本宣傳又可增加銷售額的方法」。社群網路和口耳相傳是否具備傳統廣告所沒有的某種魔力？話說回來，對於「因粉絲吸引新顧客而增加銷售額」這種說法，從商業角度來看，又能懷有多少期待呢？

首先，即使口碑行銷也會看到符合雙重危機定律的現象。也就是說，市占率較低的品牌，口碑數量也會比較少；市占率較高的品牌，口碑數量就會增加，而且口碑也會偏向正面肯定的內容（Romaniuk & Sharp, 2022）。即使試圖透過 SNS 和口碑擴大重複曝光效應（mere exposure effect），但是在 SNS 的環境中，當然也存在競爭品牌的口碑，所以能夠獲得的觸及（reach）人數也和一般廣告無異，不要忘記原本的市占率也會產生影響。不過如果具備有意炒作並能多次掀起熱議話題的方法，那就另當別論了，但至少筆者不知道這種方法。

　　若要問在 SNS 上掀起熱議是否會直接帶動銷售額的增加，似乎也並非如此。關於按讚或追蹤對品牌的影響，哈佛大學研究人員曾在 SNS 上進行大規模的實驗，結果並未證實能夠提高好感度，也沒有像在現實中推薦那樣具有促使朋友購買的效果（John et al., 2017）。也就是說，**人不會因為朋友在 SNS 上推薦某個品牌，就突然對與自己無關的品牌產生興趣或進行購買**。更何況如果是來自陌生人的推薦，那就更不用說了。雖然也有專家認為「消費者會尋求來自網紅或品牌粉絲的資訊」，但那是指本來就對品牌感興趣的人。不管 SNS 上的貼文內容再怎麼肯定品牌，看在未顧客的眼裡就「**只是陌生人談論著自己不感興趣的事情**」，只不過是陌生人之間的對話而已。當然廣告也是同樣的道理，既然受到相同定律的束縛，卻輕易地認為可以用零成本的口碑代替廣告；或許小品牌也能不花分毫就逆轉戰局，打敗強大對手。這些想法是很危險的。

［×］顧客在日常生活中會想到品牌，希望與品牌有交集

［○］對品牌的愛、羈絆和連結，這類詞彙充其量只是比喻，實際上很少有人對品牌抱持著像對待人一樣的情感和態度，而且這些對於市占率或事業成長沒什麼影響

在行銷術語當中，存在許多將品牌擬人化，讓人覺得品牌具有人格或情感般的用語，例如**品牌個性（brand personality）或顧客關係（customer relationship）**等等。因而用現實生活中的人際關係來看待品牌與顧客之間的關係，也經常透過 SNS 和粉絲社群等途徑推行培養喜愛、羈絆和熱情的行銷策略。

但是，**實際上對品牌抱持著極端肯定情感的人很少，而且對市占率也不會產生什麼影響**（Romaniuk & Sharp, 2022）。在先前提到的哈佛大學的實驗中，並沒有發現按讚或追蹤自己原本就喜歡的品牌，具有提高對品牌的好感度，或是增加購買的效果（John et al., 2017）。

另一方面，我也經常聽到「那些品牌的追蹤者和參加粉絲社群的人，購買率也很高」的案例。為什麼會出現這種分歧呢？其實這與**實驗數據和觀察數據的差異**有關。SNS 會根據使用者的瀏覽紀錄和搜尋關鍵詞等資訊，來顯示個人化內容。而且自己不感興趣的資訊也能輕鬆地設定成靜音或加以封鎖。如此一來，使用者容易蒐集到自己感興趣的品牌資訊。在這樣的環境之下，這個品牌的購買率較高也是理所當然的事。

品牌的追蹤者和粉絲社群會出現購買率較高的情形，也是同樣的道理。這只是因為顧客本來就對品牌有興趣，所以才會追蹤，購買率也會較高，但我們不能因為這樣就認為這個方法也能引起對品牌不感興趣的其他族群，也就是未顧客的興趣。相關內容將在 4-5 節詳細說明，這就是**羅瑟‧李茲（Rosser Reeves）探討關於廣告和銷售的認知謬誤**，在廣告效果評估領域中，這個錯誤從幾十年前開始就被列在「禁止事項清單」的首位。

　　衡量廣告效果的權威比奈，就是對這種風潮敲響警鐘的其中一人。他認為對品牌的熱愛和熱情只是比喻，如果把這些話當真，將預算用來與少數顧客建立關係而不是增加普及率，將會犧牲利潤（Binet & Carter, 2018）。品牌的成長是透過與多數人維持淺薄的關係，而不是與少數人緊密聯繫。粉絲行銷所建立的深厚關係固然有其必要性，但未顧客是一群對品牌既不感興趣也漠不關心的人，在日常生活當中，他們既不會思考品牌的事，也不想和品牌有牽扯。

　　對於未顧客來說，品牌就是一種物品，而不是人。如果是這樣的話，市場行銷也不應該把未顧客當成朋友或家人一樣來對待。若借用比奈的話來說，那就是「人們愛的是自己養的貓，而不是你的貓食品牌」（People love their cats. Not your cat food brand；日文內容由本書作者翻譯）（Binet & Carter, 2018, p.84）。

# 雙重危機定律

接下來，詳細了解一下雙重危機定律吧。市占率較低的品牌，不僅購買的顧客人數較少，忠誠度也偏低，簡單用下方的數學公式來表現這種雙重危機的性質（Ehrenberg et al., 1990）。

---

$$w_i\,(1-b_i) \simeq w_o$$

$b_i$：品牌 i 的普及率

$w_i$：品牌 i 的購買頻率（忠誠度）

$w_o$：常數

---

如果用這個方程式求解 $w_i$，可以得到 $w_i = w_o / (1-b_i)$。此時，我們認為 $w_o$ 對於任何品牌來說都是近乎常數（相關理由請參見本書末的附錄「『理解未顧客』的數學面向」），並推斷是該類別內所有品牌的平均值。如果 $w_o$ 是常數，由於右邊的變數只有普及率 $b_i$，所以購買頻率實質上就成為普及率的函數。此外，因為右邊是 $w_o \times 1 / (1-b_i)$，所以 $b_i$（普及率）越低的品牌，$1 / (1-b_i)$ 就越小，$w_i$（購買頻率）也越低；$b_i$ 越高的品牌，$1 / (1-b_i)$ 就越大，$w_i$ 也越

高，這就是所謂的雙重危機定律（Ehrenberg et al., 2004）。

雖然是簡單的模型，但有報告指出，現在這個模型依舊能穩健地做出預測，也能獲得各種實務面的建議（Graham et al., 2017）。例如，透過觀察購買頻率的預測值 $w_o / (1-b_i)$ 的上下限，即可判斷忠誠度對策的效果是遞減，或是還有提高的空間。

愛倫堡等人（Ehrenberg et al., 1990）在即溶咖啡市場研究中，所觀察到的雙重危機資料，筆者運用 Excel 重製為**圖表 3-6**。因為購買頻率模型的預測平均值為 2.8 次，上下限為 2.5 ～ 3.1 次，因此購買頻率的實測值超過三次的品牌 1 和品牌 2，就沒必要再針對忠誠度實施對策。此外，其餘品牌的實測值也接近 2.8 次，所以即

### 雙重危機法則：$w(1-b) \simeq w_o$

| 品牌 | 市占率 | 普及率 $b$ | 購買頻率<br>（實測）$w$ | $w(1-b)$ | 購買頻率<br>（預測）$w_o/(1-b)$ |
|---|---|---|---|---|---|
| 品牌 1 | 19% | 24% | 3.6 | 2.7 | 3.1 |
| 品牌 2 | 15% | 21% | 3.3 | 2.6 | 2.9 |
| 品牌 3 | 14% | 22% | 2.8 | 2.2 | 3.0 |
| 品牌 4 | 13% | 22% | 2.6 | 2.0 | 3.0 |
| 品牌 5 | 11% | 18% | 2.7 | 2.2 | 2.8 |
| 品牌 6 | 8% | 13% | 2.9 | 2.5 | 2.7 |
| 品牌 7 | 4% | 9% | 2.0 | 1.8 | 2.5 |
| 品牌 8 | 3% | 6% | 2.6 | 2.4 | 2.5 |
| 平均 | | | 2.8 | 2.3($w_o$) | 2.8 |

資料來源：筆者根據愛倫堡等人（Ehrenberg et al., 1990）製表。

從實測值和預測值的比較當中，可看出忠誠度對策的效果遞減

圖表 3-6　雙重危機法則

## 是好的利基市場，還是不好的利基市場？

| 品牌 | 市占率 | 普及率b | 購買頻率（實測）w | w(1-b) | 購買頻率（預測）$w_o/(1-b)$ |
|---|---|---|---|---|---|
| 品牌 1 | 32% | 41% | 3.4 | 2.0 | 4.2 |
| 品牌 2 | 21% | 36% | 3.2 | 2.0 | 3.9 |
| 品牌 3 | 16% | 22% | 2.7 | 2.1 | 3.2 |
| 品牌 4 | 11% | 19% | 2.5 | 2.0 | 3.1 |
| 品牌 5 | 9% | 12% | 2.3 | 2.0 | 2.8 |
| 品牌 6 | 5% | 5% | 5.9 | 5.6 | 2.6 |
| 品牌 7 | 4% | 3% | 2.1 | 2.0 | 2.6 |
| 品牌 8 | 2% | 2% | 2.2 | 2.2 | 2.6 |
| 平均 | | | 3.0 | $2.5(w_o)$ | 3.1 |

（虛構的數據）

市場占有率和普及率都只有5%，但購買頻率卻比其他品牌高出將近一倍

圖表 3-7　是好的利基市場，還是不好的利基市場？

使實施對策，對於顧客忠誠度也沒什麼效果。看起來唯一有效果的只有品牌 7。

此外，將目前自家公司的購買頻率作為已知條件，可以大致估算如果再提高多少普及率，就能獲得多少的市場占有率。只要知道作為目標的普及率，即可根據單次行動成本（CPA）＊制定計畫並知道該採取什麼對策。

接下來請看**圖表 3-7** 中的品牌 6（這是虛構的資料）。雖然市場占有率和普及率皆只有 5%，但購買頻率卻幾乎是其他品牌的二

---

＊　原文全稱為 cost per acquisition。即每位顧客花費的成本。

倍。我認為透過這個離群值可得知實測值過於膨脹。如果排除品牌 6 進行計算，則實測值和預測值相差無幾。

關於 $w_i(1-b_i)$ 數值偏離平均值 $\pm 10\%$ 以上的品牌，Khan 等人（1988）認為應該調查為什麼會出現這種偏差。大家會如何解釋這些數據？首先應該懷疑的是，是否有降價和囤貨的情況，又或者是否進行季節性促銷。如果沒有這些因素存在，那麼又該如何解釋呢？透過比較 $w_i(1-b_i)$ 數值的大小，可以診斷出自家品牌所具備的購買特性。若參考 Khan 等人（1988）的建議，大致上可按照以下基準來思考：

- $w_i(1-b_i)$ 遠低於平均值（即 $b_i$ 高而 $w_i$ 低）→用於換換口味、習慣（change-of-pace）的品牌。
- $w_i(1-b_i)$ 遠高於平均值（即 $b_i$ 低而 $w_i$ 高）→利基品牌。

若按照這個標準，你可能會認為「品牌 6 在未被雙重危機影響的情況下，已確立小眾的市場定位！ 這是粉絲為之瘋狂的證明！」不過，其實利基市場也有好壞之分。

**良好的利基市場 =「既擁有死忠粉絲，也有擴大市場的空間」**

如果是「知名度或分銷率偏低，但購買頻率卻高於理論值」的情況，那麼這個品牌即處在一個具有潛力的利基市場。這意味著大

家對這個品牌知之甚少，或者即使知道，但身旁周遭沒有銷售點不易取得，不過使用過的人都會重複購買，屬於頗具吸引力的品牌。透過強化廣告和通路可獲取輕度使用者、提高普及率，進而有提升市占率和銷售額的成長空間。這就是「好的利基市場」。如果在這種情況下，按照先前提到的「P → T → S」方式，研究接受品牌的顧客、了解品牌的價值所在，並將其融入到商品和廣告之中，應該能為品牌帶來好的成果吧。

## 不好的利基市場 =「沒有意識到是自己把品牌推向市場邊緣，還誤以為『我們處於利基市場』」

而不好的利基市場就是「明明知名度和分銷率與競爭對手差不多，但普及率偏低、購買頻率較高」的模式。這就是「雖然知道品牌且容易購得，但是不感興趣」的未顧客很多，只有部分重度使用者會重複購買的情況。雖然很多人認為這就是「利基市場定位」，然而從市場擴大和事業成長的角度來看，這並不是一個好兆頭。

接下來說明原因。正如負二項分配（NBD）所示，要想擴大市占率和銷售額就必須提高普及率。但是，所謂的「雖然知道品牌且容易購得，但是不感興趣」，意思就是除了重度使用者以外，其他人都認為「這是和自己無關的品牌」。不是因為不知道而不感興趣，而是即便知道也不感興趣。請試著從「**這群不購買商品的顧客為什麼還是不購買**」的角度思考。**行銷人員認為有價值之處，而且也將價值反映在商品和廣告上，但對於不購買的顧客來說，那些都不是**

**價值所在，所以仍然不會購買。**

要獲取新顧客卻不投入成本，使用的都是針對既有顧客的忠誠度方案、互動參與度、顧客留存之類的行銷策略，這樣的品牌可能會出現這種情況，所以必須注意。把「現在的做法只能打動一部分人」的事實，用便宜行事的心態解釋為「擁有狂熱粉絲」，而持續傳達的概念和訊息也只對一部分人有價值，導致品牌和市場上的大多數人之間出現鴻溝。

或許你會認為「只要能提高忠誠度，增加購買次數就好」，但就算是利基型品牌，也不可能單憑顧客忠誠度就能達到品牌成長。由於**每個品類的顧客忠誠度皆有其上限**，終究還是必須提高普及率（請參見本書末的附錄「『理解未顧客』的數學面向」）。然而，如前所述，占據大部分市場的輕度使用者認為「這個品牌不適合我」，**在市場定位「已確立」為僅有部分客群能接受**的狀態下，說要提高普及率又談何容易。一般認為從前的日本環球影城（USJ）就是處於這種狀態。換句話說，雖然受到電影愛好者的喜愛，但家庭客群卻對其敬而遠之。儘管如此，日本環球影城卻仍然處於認為自己是建立起獨特的定位，也就是深信這是一件好事的狀態（森岡，2016）。

除非公司有相當優秀的行銷人員，否則通常在這種狀態下很難重新定位（因為失去既有顧客的風險很大，所以很難做出經營決策），所以要不就擴大市場，要不就生產其他主力商品。另外，「P→T→S」也無法發揮作用。無論如何，判斷品牌是否處於好的利基市場，還是無意中陷入壞的利基市場並且儘快採取對策，是至關重要的。

# 誰才是真的不合理？

我們往往會認為「**只要結果沒有出現異常，那就是用對方法了吧**」。請試著思考一下行銷人員的心情。

「雖然我們已經實施顧客關係管理和粉絲行銷有一段時間了，但銷售額並沒有增加太多。不過，銷售額也沒有減少，一定是這些行銷策略需要穩紮穩打、長期努力才看得到效果吧。最重要的是，重視顧客並沒有什麼壞處！」

除非是出現特殊情況，否則實施忠誠度方案或適用於粉絲的行銷策略不太可能導致銷售額銳減吧。只要結果不是極為異常，人類大腦都會想辦法為這個結果找到理由。即便結果不如預期，只要在直覺範圍內沒有明顯異常，我們就不會質疑過程。這種思維就稱為「**常態之谷**」（valley of the normal）（Kahneman et al., 2021）。

廣告效果尤其是如此，人們似乎只看結果，但其實應該是判斷「**連同過程和結果在內的故事**」是否具有說服力。因此，只要故事整體沒有怪異之處，我們就不會只否定過程。舉例來說，我想沒有人會因為做晴天娃娃的第二天下雨，就說出放棄做晴天娃娃這種話吧。主流的市場行銷也是同樣的道理，我們也可以認為：不是因

為行銷策略有效果才繼續進行，只是因為結果（如銷售額）沒有異常，所以未能尋求改變。

　　然而，正如閱讀至今的內容所述，如果目的是積極獲取新顧客、擴大機會使事業有所成長，那就必須採取和以往不同的方法。下一章將以本章提出的問題為基礎，設計適合未顧客的行銷策略並說明「理解未顧客的五大原則」。

---

**專　　　欄**

### 過度相信「忠誠度」的行銷人員

#### 日本 New Balance 股份有限公司　鈴木健先生

　　夏普教授宣稱「要給忠誠度神話致命的一擊」，但現況是至今仍有許多行銷人員感受到「忠誠度」的強大魅力並持續追求。為什麼這個時代的行銷人員還是會追求這種「忠誠度神話」呢？背後的原因之一就是「容易取得數位化資訊，可以透過數位方式掌握顧客的樣貌」。

　　由於數位化行銷可以實現與個別顧客溝通，例如一對一行銷和個性化行銷等等，這些都是以往大眾行銷無法實現的顧客溝通方式，因此提高了對於數位行銷的信任度，甚至容易產生幻想，認為只要透過數位管道就能掌控每個顧客的行為忠誠度。實際上，夏普教授也指出，網路環境中的物理可得性（physical availability）不容易出現差異，所以顧客忠誠度會比實

體商店來得更高。從這個意義上來説，不可否認的是網路購物的忠實顧客的確更加醒目，也顯得更有價值。

然而，競爭品牌也具備同樣的條件，因此物理可得性很難有所差異，一般認為心理可得性（mental availability）無論在線上或線下都具有影響力。在網路做出成果的品牌為了成長，最終還是要保有線下的接觸點，只要看看美國 D2C（direct to customer，直接面對消費者）品牌紛紛進軍實體店鋪，就不難理解了。

即使透過數位技術讓企業得以一窺顧客樣貌，但顧客的購買行為本身並不會改變。當前時代的忠誠度神話與科技神話有其相似之處。無論顧客的忠誠度看起來如何，可改變它的向來不是那些接觸顧客的技術，而是讓顧客能想起符合其需求的購買機會，同時讓商品更容易取得，除此之外，別無他法。

# 第 4 章

# 創造全新使用機會：
# 理解未顧客的五大原則

在前一章當中，我透過與現今主流的 STP、品牌忠誠度做比較，說明了「理解未顧客」所需的觀點，以及企業在行銷上對「理解未顧客」的種種誤解。簡而言之，**品牌要追求成長，需要提高普及率，增加品牌商品的使用機會，並獲取輕度使用者**。這個論述的相關實證早在數十年前就已陸續發表，然而在實務上，它似乎沒有獲得太多運用。這究竟是為什麼呢？行銷人所提出的回應，大致可匯整成下面兩點。

---

[**回應 1**]「理論上或許是這樣沒錯，但這些內容在日本並不適用。日本的人口持續減少，市場也不斷萎縮，很難提高品牌商品的普及率，只能繼續深耕現有顧客」

[**回應 2**]「如果您要點出當前的問題，希望您能告訴我們這些問題該如何解決。這裡並沒有用我們可以著手操作的程度，來具體描述該如何獲取新顧客、如何增加品牌商品的使用機會」

---

首先是 [回應 1]。是誰說市場萎縮就無法提高品牌商品的普及率？行銷人想表達的，應該是「人口變少，就很難獲取新顧客」的這個印象吧？倘若是說一個在寡占市場中，普及率已遍及全體國民的品牌無法成長，那還可以理解。不過，就一般實業公司而言，其實只不過是「未使用品類中任一品牌商品」的「純粹新顧客」較少罷了，應該還是有剩下一些能從競爭品牌爭取過來的顧客。這就是競爭激烈的成熟市場，並不是日本特有的現象，其他先進國家

也都一樣。況且就算人口持續增加，企業終究還是迴避不了與競爭品牌之間的搶客大戰。

我想告訴各位的，並不是「提高普及率比較容易，所以大家就盡量衝高普及率吧」的意思，而是想表達「『提升顧客忠誠度，進而追求事業成長』的模式有其極限，所以不妨多追求普及率的成長吧」。縱使企業將 100% 的資源都用來維繫、深耕現有顧客，還是不可能讓顧客零流失，所以仍要持續提升剩餘顧客的忠誠度（購買次數），以彌補顧客流失所造成的營收缺口。況且這樣做，收支也只不過是差強人意而已。然而，我在前一章提過，再怎麼忠實的顧客，購買次數也不可能無上限地增加。此外，顧客流失也會循雙重危機理論發展（Sharp, 2010）。當品牌的市占率越低，因顧客流失所造成的營收衰退，對品牌的衝擊程度就越大，所以也會加速品牌凋零。

至於［回應 2］則是說得很有道理。因此在本書當中，我想從**「只要兼顧新顧客和現有顧客就好了吧？」這個切入點來提出建議方案**。我試著將營收拆解如下。

---

**營收＝使用機會的總數 × 各種使用機會的購買次數 × 單價**

---

企業盡可能在未顧客的生活脈絡中，多創造購買自家品牌商品的契機（使用機會），讓他們願意在各種生活場景或時機下購買——也就是所謂「**品類進入點**」（**CEP**）的思維（Romaniuk & Sharp, 2022）。即使是現有顧客，若讓他們出於不同以往的目的購買，就

能增加「購買次數」；另一方面，如果新顧客因為有別於以往的新契機而願意購買，那麼「顧客數」就會增加。換言之，顧客忠誠度和普及率的提升，其實是不衝突的。

詹妮‧羅曼紐克（Jenni Romaniuk）和夏普（Romaniuk & sharp, 2022）曾以社群媒體和咖啡市場為例，提出「大品牌和小品牌之間的差異，其實就在於 CEP 的規模（數量）」的論述。也就是說，市占率較高的品牌，會有許多 CEP 與品牌連結；市占率較低的品牌，連結到的 CEP 就比較少。而這個狀態也直接反映在普及率的差異上。有多個 CEP，代表企業為未顧客準備了多個通往品牌的入口，換言之，CEP 越多，未顧客就越有機會來使用這個品類的商品。而每個 CEP 與品牌的連結（聯想）越強，自家品牌獲得青睞的機率就會隨之提升。

既然如此，**那麼小品牌該做的就只有一件事，那就是創造許多 CEP，也就是該聚焦在「讓更多生活脈絡與自家品牌有所連結」這件事情上**（圖表 4-1）。

其實在數學上，也會得到相同的結論。接下來會出現少許數學式，但它是一個很好的例子，可用來呈現「如何以數學根據為基礎，找到實務（具體行銷操作）上所需的洞察」這種理組思維與文組思維之間的「連結部分」，所以懇請各位再和我繼續看下去。

不論是在第三章當中介紹過的雙重危機，或是上述的 CEP 概念，都是從「**NBD 狄氏分配模型**」這個統計模型發展出來的。許多國家、商品上都曾套用過它，是個歷史悠久的模型。提出這個模型的傑洛德‧古德哈特（Gerald Goodhart）等人表示，NBD 狄氏分

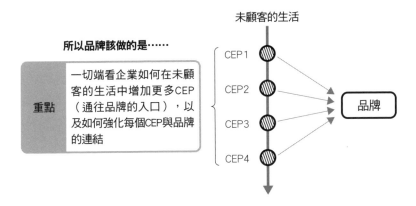

**有多個通往品牌的入口＝最終選用品牌商品的機率較高**

未顧客的生活

所以品牌該做的是……

| 重點 | 一切端看企業如何在未顧客的生活中增加更多CEP（通往品牌的入口），以及如何強化每個CEP與品牌的連結 |

CEP 1
CEP 2
CEP 3
CEP 4

品牌

圖表 4-1　增加與品牌有連結的 CEP

配模型是用一個數學式，將「購買頻率」和「品牌選擇」這兩個購買行為的不同面向連結起來，以便進行各種預測（Goodhardt et al., 1984）。它在形式上，是由以下的公式（1）和公式（2）相乘所構成，* 數學符號等可先忽略無妨（有興趣了解詳情的讀者，敬請參閱書末附錄）。

$$\int Poisson\,(R \mid \mu T)\,Gamma\left(\mu \mid K, \frac{M}{K}\right)d\mu \quad —（1）$$

$$\int Multinomial\,(r \mid p,R)\,Dirichlet\,(p \mid \alpha)\,dp \quad —（2）$$

---

\* 　符號運用仿照森岡和今西（2016）。

簡而言之，這個數學式呈現的，是「品牌的暢銷程度，取決於以下兩個階段」：

1）消費者使用品牌所屬品類的頻率有多高？
2）此時，自家品牌獲得青睞的機率有多少（能否列入購買選項）？

也就是說，在某個生活脈絡（生活場景或時機）下出現某種需求時，包括顧客及未顧客在內的所有消費者，都會擲出以下這兩次骰子：

第一次：要使用哪一個品類的商品？
第二次：要選哪一個品牌？

換句話說，要讓消費者購買自家品牌商品，需要在特定的生活脈絡下，符合以下兩個條件：

第一次：自家品牌所屬的品類獲得青睞，而且還要……
第二次：自家品牌獲得青睞

因此，要讓更多未顧客購買自家品牌的商品，唯有增加「**未顧客使用品牌所屬品類商品的次數＝CEP數**」，以及提升「**此時自家品牌獲選的機率＝CEP與品牌的連結強度**」，等於回歸到和前述討

論相同的結果。要做到這兩點，最有效的方法不是像 STP 那樣犧牲一些人數，再向特定客群進行更深度的訴求，而是要讓各種生活脈絡與品牌有所連結，以便增加全體人口使用自家品牌的機會。

綜上所述，我們或許可以這樣說：**「獲取未顧客」其實就是一場將「未顧客的生活脈絡與品類」以及「未顧客的生活脈絡與品牌」連結起來的賽局。**

我將前面談過的一連串內容，與本章學習內容之間的關係，整理如**圖表 4-2**。首先，說到我們為什麼需要理解未顧客（**WHY**），那是因為「不積極籠絡未顧客，品牌就無法成長」。至於該做什

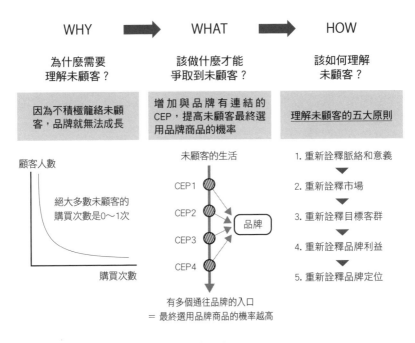

圖表 4-2 「理解未顧客」的 WHY、WHAT、HOW

麼才能爭取到未顧客（**WHAT**），則是要「增加與品牌有連結的 CEP，提高未顧客最終選用品牌商品的機率」。為此，我們該如何深化對未顧客的理解（**HOW**）？這件事我會在本章中說明。

## 用五大原則來說明「理解未顧客」的步驟

接下來，我們要從理組思維切換到文組思維。面對「了解足以形成購買契機（CEP）的生活脈絡」這個主題，其實心理學和文化人類學都能提供有用的真知灼見。在本章當中，我會說明「**理解未顧客的五大原則**」這一套架構。它能運用前述這些領域的智慧，找出 CEP 的可能選項，進而從中理解未顧客的生活脈絡，打造出連結 CEP 和品牌的操作方案（**圖表 4-3**）。

**原則1：脈絡改變，意義就會改變；意義改變，價值也會隨之改變**

**原則2：未顧客是一片「透鏡」，用來洞悉品牌原本該挑戰的市場**

**原則3：從行為背後的需求、壓抑和獎勵，去了解「顧客的合理邏輯」**

**原則4：「品牌特色」×「未顧客心目中的獎勵」＝最適合該脈絡的品牌利益**

**原則5：思考如何讓人「使用產品」的行為增加，而不是想著產品該怎麼賣**

## 理解未顧客的五大原則

| 原則1 | 原則2 | 原則3 |
|---|---|---|
| 脈絡改變，意義就會改變；意義改變，價值也會隨之改變 | 未顧客是一片「透鏡」，用來洞悉品牌原本該挑戰的市場 | 從行為背後的需求、壓抑和獎勵，去了解「顧客的合理邏輯」 |
| 重新詮釋的重要性 | 重新詮釋市場 | 重新詮釋目標客群 |

| 原則4 | 原則5 |
|---|---|
| 「品牌特色」×「未顧客心目中的獎勵」＝最適合該脈絡的品牌利益 | 思考如何讓人「使用產品」的行為增加，而不是想著產品該怎麼賣 |
| 重新詮釋品牌利益 | 重新詮釋品牌定位 |

圖表 4-3　理解未顧客的五大原則

　　循「理解未顧客的五大原則」剖析 CEP 的生活脈絡，就能更深入了解若想讓未顧客對我方品牌感興趣，該具體祭出哪些行銷操作，例如「在廣告中要傳達什麼訊息、如何傳達」、「要透過產品讓顧客獲得什麼樣的體驗」等。換句話說，這就是**將品牌轉譯為顧客價值的五個步驟**。我在第二章對起司蛋糕所做的重新詮釋，其實都是根據這五大原則進行的。或許你現在還覺得丈二金剛摸不著頭腦，但請放心，在本章當中，我會運用插畫、圖表來詳加解說各項原則。讀完本書之際，你應該就會對「理解未顧客的五大原則」感到認同。此外，在本章最後，我還會說明量化驗證行銷操作手法時的重點。

# 理解未顧客所需的「觀點與心態」

**原則 1：脈絡改變，意義就會改變；意義改變，價值也會隨之改變**

## 人是在考慮脈絡的情況下，評定事物的意義

首先要請各位了解的是：**商品或服務的價值，會因脈絡不同而變動。**

讓我們以汽車為例來想一想。我聽說最近越來越多大學生無意購車，畢竟如今已有包括短期租車、共享汽車等各式服務，能讓我們在需要時有車可用，而停車費和車子的維修保養費也是不小的開銷。在這樣的脈絡下，我能明白大家為什麼很難感受到「有車」的價值。不過，當各位出社會工作、結了婚，又生了小孩之後，生活的脈絡就會改變。尤其孩子小時候，為人父母者經常可以感受到開車移動的舒適，平時採買也很方便。在這個脈絡下，「有車」的價值便得以彰顯——**人們會像這樣，把事物暫且放進生活的脈絡裡，並在考慮這些脈絡的情況下，評定事物的「意義」。**

因此，想打動漠不關心的未顧客，**調整脈絡和意義**就顯得格外重要。在此，我要介紹一個能清楚呈現這個論述的案例。2016年，舊金山現代藝術博物館（SFMOMA）發生了一場小小的騷

動——藝術博物館一隅的地板上，隨興地擺放著一件「具眼鏡外觀的藝術作品」，而且人潮逐漸在作品四周聚集。乍看之下，它就是一副平凡無奇的眼鏡，但有人為它拍照，有人趴在地上，拚命地想參透這件「藝術品」所表達的意涵。

其實這件作品，還真的只是「一副普通眼鏡」——有一天，一位十多歲的青少年和朋友來到藝術博物館，懷疑入館參觀的民眾是否真的被展出作品感動，便想出了一個小小的「實驗」。他決定把一副普通眼鏡放在地上，看看館內其他民眾的反應。上述那些人的行為，就是實驗的過程。這件事當時在社群平台和網路上的討論度很高，我想應該還有些讀者記得。

再舉一個例子。你聽過「寵物石頭」（pet rock）這項商品嗎？1970 年代，社會上曾掀起一波「養石頭當寵物」的熱潮。熱潮本身大概半年後就退燒，但據說這項商品的設計者在很短的時間內就賺進了大筆財富。這些「寵物」其實也只是形狀美觀的「一顆普通石頭」，但很多人都心甘情願地掏錢買下。

人們從這副放在美術館裡的眼鏡中感受到了「**意義**」，才讓普通眼鏡變成了藝術品；人們也從那些被貼上「寵物石頭」標籤的石頭中感受到了「**意義**」，才讓普通石頭吸引了萬眾青睞。而營造出這些「意義」的，則是「**脈絡**」。

眼鏡會成為藝術作品，是因為「藝術博物館」這個脈絡——人們認為它會放在藝術博物館裡展示，表示它應該是帶有某些涵義的藝術品，所以才對它感興趣。寵物石頭也是同樣的道理，它們在銷售時，還會附上多項用來營造「寵物感」的配件，例如詳述飼養

方法的指導手冊、血統證明書和行李箱等，等於是一併銷售整套脈絡。而這個脈絡，營造出一份「可從飼養寵物（不必照顧寵物，也不必花錢）的過程中獲得療癒與平靜」的意義，讓部分人士從中感受到了價值。

案例稍微極端了一點，不過總之，只要調整脈絡，意義就會改變；意義改變，普通石頭也能熱賣，眼鏡也能化為藝術。

## 商品只有一個，切入方式卻是無限

眼鏡和石頭的案例告訴我們：只要改變**「切入方式」**，品牌就能呈現出不同的價值，進而引起大眾的興趣——也就是說，興趣、關注是「可以營造出來的」。因此，品牌要從什麼角度切入、如何呈現，便成了相當重要的關鍵。

商品只有一個，但**品牌的「切入方式」卻有好幾種**。以感冒藥為例，作為藥品，我們馬上可以想到的價值，是它在我們感冒時，可緩解發燒、喉嚨痛等症狀。在「感冒」的脈絡下，能緩解各種症狀的的成分就是價值，所以廠商會選擇從「多種有效成分」的角度切入。

那麼，在我們沒感冒的時候，感冒藥就毫無價值可言了嗎？其實不然。在「家人容易生病」、「乾燥的季節已到來」等脈絡下，感冒藥的價值，便是「家庭常備，身體不適時就可立刻派上用場」的「安心感」與「預防性使用」。當然在這份安心感的背後，還是少不了成分的支撐，但後者在品牌利益上，選擇從不同的角度切

入，以諸如「熟悉的地方，熟悉的〇〇。畏寒時，立即服用〇〇」之類的方式呈現。

綜上所述，懂得「在顧客的脈絡下，以最合適的角度切入品牌」，至關重要。反過來說，原本在顧客心目中可能會有價值的商品，一旦切入方式出錯，就會讓顧客失去興趣。這就像是「**鑰匙與鑰匙孔的關係**」一樣。行銷人常用「被它的訊息打中」或「概念沒有打中目標客群」等說法，如果將顧客的脈絡比喻為「鑰匙孔」，品牌利益的切入方式比喻為「鑰匙」，你應該會比較容易理解這些說法所表達的概念——品牌利益（鑰匙）與脈絡（鑰匙孔）相符的狀態，就是價值成立的狀態，也就是顧客敞開了心門，產品或服務得以熱賣。然而，只要脈絡出現變化，鑰匙孔的形狀就會隨之改變，如此一來，鑰匙和鑰匙孔的形狀就會不符，門就打不開了（**圖表 4-4**）。

**品牌的切入方式與「鑰匙孔的比喻」**

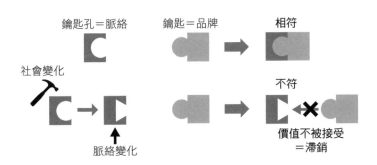

圖表 4-4　呈現品牌切入方式的「鑰匙與鑰匙孔的關係」

當社會上發生新冠病毒（COVID-19）疫情等變化時，鑰匙孔就會大幅改變。此外，誠如我在第三章所述，鑰匙孔的形狀，會隨著人們每天的任務、在任務中要佩戴的「人格面具」而變動。因此，懂得從最適合顧客脈絡的角度切入品牌，並配合脈絡重新詮釋品牌，便顯得格外重要。

　　那麼，我們又該如何掌握未顧客的脈絡呢？關於這一點，我會在接下來的「原則 2」當中說明。

# 以未顧客為主軸的
# 「新市場的探索方法」

### 原則 2：未顧客是一片「透鏡」，用來洞悉品牌原本該挑戰的市場

「理解顧客的脈絡」、「改變品牌的切入方式」聽到這些說詞，或許你會以為是要談「調整文案」。不過這裡我們要探討的，並不是那麼膚淺的內容，而是「找出有望成為 CEP 選項的生活脈絡」。

## 試著改變定義市場的模板

這樣問或許有點唐突，但你知道自家品牌的市場在哪裡嗎？那是個什麼樣的市場？要和誰競爭？市場上還有哪些人？很多上班族都養成了一個習慣，認為「**市場＝產品類別（product category）**」。他們以公司的產業類別和品牌的產品類別為基礎，再加入以年齡層、性別、價格帶等特徵細分出的區隔，構成對「市場」的認知，例如「專屬年輕男性的保養品」、「針對在首都圈工作的雙薪夫妻，所推出的中至高價位租賃住宅大樓」等。

企業通常會以該類別當中的「平均顧客樣貌」作為目標客群。不過，本書關注的焦點，是在該類別當中的未顧客。也就是說，這群人並不符合行銷人預設的「**平均顧客樣貌**」（**圖表 4-5** 的斜線

## 試著改變定義市場的模板①

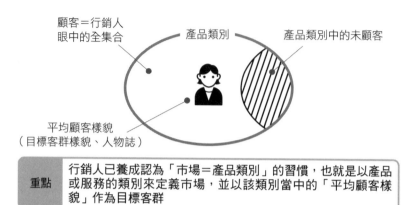

顧客＝行銷人
眼中的全集合

產品類別

產品類別中的未顧客

平均顧客樣貌
（目標客群樣貌、人物誌）

| 重點 | 行銷人已養成認為「市場＝產品類別」的習慣，也就是以產品或服務的類別來定義市場，並以該類別當中的「平均顧客樣貌」作為目標客群 |

圖表 4-5　試著改變定義市場的模板①

部分）。

假設現在我們看到的這一群未顧客背後，就如**圖表 4-6** 所示，還有「呈現另一個市場的圓」。請你試著建立「莫非未顧客其實是另一個巨大市場當中的一部分」的觀點，也就是要這樣想一想：「因為是用產品類別、性別、年齡等既有的觀點來劃分市場，才讓這群人變成了未顧客。如果改用其他更廣泛的劃分方式來定義，或許他們就會成為顧客了。」

舉例來說，日本工作服飾用品品牌 Workman 的專務董事土屋哲雄，在他的著作《Workman 式的「無為經營」——開發出 4 千億日圓市場白地的秘密》（ワークマン式「しない経営」—— 4000億円の空白市場を切り拓いた秘密）當中，說明了 Workman 在近年來業務發展突飛猛進的背後，如何運用自家企業的優勢，重新

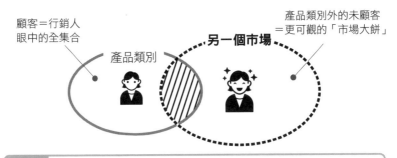

**試著改變定義市場的模板②**

顧客＝行銷人
眼中的全集合

產品類別

另一個市場

產品類別外的未顧客
＝更可觀的「市場大餅」

| 重點 | 假設有個「呈現另一個市場的圓」，如圖右側所示。我們要試著建立「莫非自家品牌其實是另一個巨大市場當中的一部分」、「產品類別中的未顧客，會不會其實是一個延伸到產品類別外的市場，而這群未顧客，只反映了那個市場的一角」的觀點 |
| --- | --- |

圖表 4-6　試著改變定義市場的模板②

定義市場的經過。其實 Workman 原本鎖定的顧客，是在營造、工程案場工作的技術工，主攻機能卓越的平價工作服市場。後來，Workman 想到：「工作服的卓越機能，在日常生活中應該也能成為一種價值吧？」便調整策略觀點，於是發現了「平價機能服飾」這片藍海市場（土屋，2020）（**圖表 4-7**）。

## 機會是「察覺而來」，市場是「創造而來」

不妨試著拿掉那些一直以來都覺得理所當然的市場定義吧！此時，未顧客就會扮演起「透鏡」或「望遠鏡」般的角色，帶領我們從目前這個市場去洞悉另一個市場（**圖表 4-8**）。

## 試著改變定義市場的模板：Workman的案例

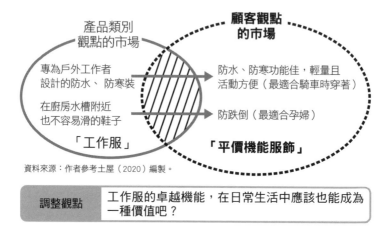

資料來源：作者參考土屋（2020）編製。

調整觀點　工作服的卓越機能，在日常生活中應該也能成為一種價值吧？

圖表 4-7　試著改變定義市場的模板：Workman 的案例

## 把未顧客當作「透鏡」，察覺新的市場機會

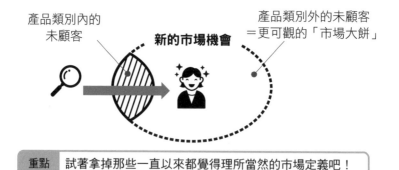

重點　試著拿掉那些一直以來都覺得理所當然的市場定義吧！

圖表 4-8　把未顧客當作「透鏡」，察覺新的市場機會

真正重要的是，企業要懂得關注「在品牌與消費者生活的交會點上，發生了什麼事」。**「使用脈絡多樣化」**是近年來的消費趨勢之一，意指消費者會為了不同目的，而購買同一個品牌的商品。即使在數據資料上同樣屬於「購買」，但「為何而買」、「如何使用」等脈絡，已趨於多樣化。而這樣的脈絡變化，成了新市場發展的嚆矢。不過，我要請各位特別留意「市場不是自然發生」這件事。**市場除了立足於上述這些脈絡之外，更是行銷人創造的產物。**CEP也是一樣，行銷人應該升起天線，發掘市場發展的嚆矢，也找出CEP。

舉例來說，近年來，在洗髮精市場上，「喚醒你原有的內在美」、「豐富全家人的沐浴時光」等情感意義備受重視。然而，洗髮精最早其實並不是在這種情感脈絡下選購的商品。日本民眾自高度經濟成長期（1955 至 1973 年）起，才開始於日常使用洗髮精。在此之前，日常洗髮並非理所當然，因此當時需要先推廣「洗髮」行為本身的意義。於是業者透過「每週洗一次頭髮吧！」「別用肥皂，改用洗髮精洗髮」等廣告啟蒙民眾，才開創出「洗髮」這個市場。

進入 1960 至 1970 年代之後，隨著家庭浴室的普及，洗髮精也逐漸走入民眾生活。儘管如此，當時的洗髮頻率為每週兩、三次，所以消費者購買洗髮精的理由，主要是為了避免頭皮屑、頭皮癢和惱人氣味，是一個以「清潔」為主軸的市場。到了 1980 年代，民眾不再只是追求「清潔」，也開始重視「秀髮之美」，於是洗髮精便被賦予了保養髮絲、早晨洗髮用品等新的意義。後來在 1990 年代，由於染髮、燙髮等美髮造型的興盛，洗髮精又被賦予了「清潔

頭髮」之外的意義，例如修護受損髮絲、天然成分等。這一波趨勢延續到了 2000 年以後，洗髮精還發展出保養頭皮、改善髮質和草本植物等意義，區隔得更細緻。

綜上所述，購買行為會被賦予許多隨生活脈絡衍生而來的意義與標籤（名稱），進而發展成市場。換言之，**市場是在「社會環境」、「民眾生活」、「企業定義」的交互作用下形成（圖表 4-9）**。或許各位會認為洗髮精發展演變的背景是由於社會變化，而這些翻天覆地的變化不太可能重現。可是，利用「白地 CEP」，就可透過「了解消費者生活脈絡」與「重新詮釋品牌」來定義商品，而這樣的 CEP 其實俯拾皆是。此外，企業研發的新功能或新成分，有時也能開拓出競爭者無法打入的市場，或前所未有的生活脈絡。

「顧客獲取」和「擴大市場」的本質，其實就是這樣的「**定義**

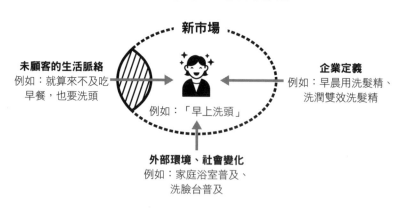

**市場是在「社會環境」、「民眾生活」、「企業定義」的交互作用下形成**

新市場

**未顧客的生活脈絡**
例如：就算來不及吃早餐，也要洗頭

例如：「早上洗頭」

**企業定義**
例如：早晨用洗髮精、洗潤雙效洗髮精

**外部環境、社會變化**
例如：家庭浴室普及、洗臉台普及

圖表 4-9　市場是在「社會環境」、「民眾生活」、「企業定義」的交互作用下形成

爭奪戰」，或說是「**生活脈絡的搶地盤遊戲**」。同樣透過廣告宣傳商品的新功能或新成分，手法高明的廣告，會把「那項功能在生活中有什麼意義」、「該讓消費者對它的意義有何認知」考慮得很透徹。反之，在手法拙劣的廣告當中，商品的功能不會被轉譯成生活上的意義。即使達到了宣傳新功能的效果，但**並沒有更新「使用這個品牌」的意義，於是消費者對商品便不感興趣、不想關注，更不會留下記憶**，所以無助於增加 CEP。

## 察覺新市場機會的技巧

從這個觀點看來，我想你應該可以明白企業不僅要留意電視廣告、社群媒體上這些「傳播接觸點」，還要關注品牌與顧客生活交會的「**生活接觸點**」這件事，究竟有多麼重要了。行銷人在考慮如何經營顧客時，思維往往會侷限在「如何銷售商品或服務」的「**商業範疇**」；而顧客卻總是在「**生活範疇**」中了解品牌。

對行銷人而言，操作品牌的目標，是「要讓消費者掏錢購買」；但對顧客來說，選購商品的目標，是「要讓自己或生活變得更好」，品牌只不過是為了抵達終點而選用的方法罷了。因此，當我們用更宏觀的格局，將消費者「購買、使用品牌商品」這個行為視為「生活的一部分」時，懂得以人為本，在這個脈絡中找出顧客的目標，便成了了解生活接觸點的第一步。而這些接觸點，就是有望成為 CEP 的選項。

接下來，「了解生活接觸點的脈絡，進而擬訂新 CEP 假設」：

（1）從現有用途當中找出新 CEP 的方法。

（2）從品牌利益競爭者當中找出新 CEP 的方法。

（3）從未顧客行為當中找出新 CEP 的方法。

不論哪一種方法，關鍵都在於了解顧客的使用場景與使用目標，也就是「在什麼樣的生活脈絡下使用」，以及「為了什麼目的使用」（圖表 4-10）。

## （1）從現有用途當中找出新 CEP 的方法

最簡單的處理方式，就是從顧客實際使用公司商品的用途回溯，反向推論商品還有可能在什麼樣的脈絡下派得上用場。「偶爾

**了解生活接觸點的脈絡，進而擬訂新CEP假設**

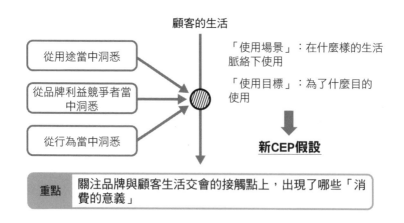

圖表 4-10　理解未顧客的生活脈絡，進而為新 CEP 擬訂假設

會買」和「想到就會買」的輕度使用者，究竟是為了什麼用途而購買商品呢？

　　我們以第二章探討過的起司蛋糕為例，一起來想一想。假設它據說多半是被買來當工作時的點心或零食。那麼，它在「零食」這個用途上，可提供給顧客什麼價值呢？換句話說，顧客吃零食的目標是什麼呢？例如目標應該會有「有點餓時墊墊肚子」這個選項。請你想像一下：在會需要「有點餓時墊墊肚子」的生活脈絡下，還有什麼其他的使用場景和時機呢？你的腦中應該會浮現「趕上班時當早餐吃」、「可趁開車或搭車空檔吃完的餐點」之類的選項吧。在這樣的使用場景當中，目前消費者會使用的競爭商品有哪些呢？果凍能量飲就是其中的一個例子。有這樣的競品存在，代表這個使用場景有市場。經過這一番考究，可得出下面這樣的 CEP 假設。

................................................................................

**從現有用途當中循線找出起司蛋糕的 CEP**

現有用途：工作時的點心

使用目標：有點餓時墊墊肚子

使用場景：忙碌早晨的早餐替代品、開車或移動空檔的餐點

競爭商品：果凍能量飲

................................................................................

## （2）從品牌利益競爭者當中找出新 CEP 的方法

還有一個方法，就是探究輕度使用者沒有使用我方公司商品時，使用了哪些商品或服務來替代。此時的重點，在於要先找到自家商品所屬的產品類別，再找一個不同品類的商品，在價值層級上可替代自家商品所屬品類，並且構思一個會使用這項商品的生活脈絡。舉例來說，會吃優格的都是哪些人？你馬上會想到的，應該是健康取向的人、注重健康的人吧？如今市場上銷售的優格商品五花八門，不過基本上，優格這種商品，背負著「每天持續吃，就能從體內打造健康身體」的期待。那麼，想從體內打造健康身體的人，可以選擇的就只有優格嗎？當然不是吧。例如以下這些商品或行為，都可能是優格的替代品。

〈優格的品牌利益競爭者〉

- 發酵食品或乳酸菌食品
- 膳食纖維豐富的食物或蔬菜
- 簡單的運動
- 上健身房
- 做瑜伽、伸展
- 服用有助於提升睡眠品質的營養補充品
- 運用智慧手錶輔助，過作息正常的生活
- 練習正念

這些在價值層級可取代自家商品，且與自家商品屬於不同類別商品或服務者，就是所謂的「**品牌利益競爭者**」。說到競爭者，大家會想到的，往往是和自家商品同類的同業商品。不過，有時其實是不同品類的商品，在和我們爭奪顧客錢包裡的那筆預算。而這些品牌利益競爭者，也是為我們指出新 CEP 所在的訊號。對於重視健康取向的人來說，優格的確很有價值，但就「從體內健康到外」的這一層涵義而言，上述那些商品或服務，也有可能帶來價值。也就是說，把品牌利益競爭者所使用的那些脈絡，拿來套用在優格上也不奇怪。

綜上所述，我們也可以從「提供相同價值的品牌利益競爭者」當中，洞悉新的機會。以起司蛋糕為例，除了要在工作時用它來墊墊肚子之外，或許也有人是為了「輕鬆補充糖分」而買。此時，它的品牌利益競爭者會是什麼呢？或許是糖果。那麼，在「用糖果補充糖分」的脈絡下，我們還可以想到什麼其他的使用場景或時機呢？從事登山、騎單車等耐力型運動時，糖果是很理想的行動糧——若從這個角度來思考，起司蛋糕或許可以有下面這些市場機會。

---

**從品牌利益競爭者當中循線找出起司蛋糕的 CEP**

品牌利益競爭者：糖果

使用目標：輕鬆補充糖分

使用場景：從事登山、騎單車等耐力型運動時的行動糧

競爭商品：巧克力、餅乾

---

## （3）從未顧客行為當中找出新 CEP 的方法

　　未顧客不是只有非顧客和輕度使用者。使用商品的方法超乎業者預期的少數派，也是屬於未顧客的範疇。觀察這些少數族群，有時能幫助我們發現不同的 CEP。舉例來說，礦泉水基本上是為了飲用需求而銷售，不過在酷暑難耐的日子裡，觀察一下那些在皇居慢跑的跑者、社團活動的休息時間、工地案場等，就會發現它有時會被用來「澆淋」或「降溫」，比方像是直接淋在頭上，或是弄濕毛巾後包住頭、頸等。這種用途指引出了一個市場，那就是顧客想利用汽化熱原理幫身體降溫，或想直接感受清涼的市場。

　　若被平均顧客樣貌侷限，就不太容易觀察到這些用途。把這些有別於平常用途的使用方法，或預期之外的使用場景當作透鏡，有時就會看到新市場。此外，在未顧客的行為當中，有些其實是會讓行銷人打上問號，出現大呼「為什麼？怎麼會？」的舉動。這些乍看之下令人覺得很不合理或違反直覺的行為，也是幫助我們發現新市場的訊號。

................................................................

**應多加關注的未顧客（少數派）行為範例**

▶ **不合理、矛盾**：看在行銷人眼中難以解釋、很難說是合理的行為

▶ **預期之外的使用方式**：使用方法不符行銷人預期的用途或使用場景

▶ **巧思或自助行為**：不選擇專用商品或服務，而是憑個人巧思或使用替代品，來解決問題的行為

- **極端的購買行為**：在特定面向呈現極端趨勢的行為，例如使用金額或使用人數、購買量或購買間隔、時期等
- **活動或季節**：集中在某些特定時期或季節的行為
- **重複行為**：只在相同條件下重複的行為，例如在特定時間、地點等
- **對參考群體的歸屬意識**：對特定文化或群體展現歸屬感的行為，或充分彰顯該群體之價值觀、準則的行為

　　我在第二章開頭介紹過一個起司蛋糕的案例，當中有一個段落提到「白天不能吃甜食，但晚上可以」。其實不論是在白天或晚上吃，一天攝取的總熱量都一樣。況且選在白天吃的話，之後說不定還可以去公司或健身房，消耗掉蛋糕的熱量；而晚上吃完蛋糕後的活動就只有睡覺。若只考慮卡路里和糖分攝取的觀點，這句話再怎麼想都不合理。

　　說不定顧客對「甜食」的定義，在白天和晚上不盡相同。換言之，「吃甜食」這個行為，在白天和晚上分別被定義為不同的脈絡，各有不同的目標，所以「白天不行，但晚上無妨」這個邏輯，不就可以成立了嗎？在「晚上吃甜食」的脈絡當中，因為目標是要在下班後為這一天劃下句點，故可從中找出下面的 CEP。

**從未顧客行為當中循線找出起司蛋糕的 CEP**

行為：白天不能吃甜食，但晚上可以

使用目標：為一天劃下句點

使用場景：從公司下班回家時（夜晚的生活脈落）

競爭商品：葡萄酒、冰淇淋

---

到這裡為止，是這三個方法的說明。可是，究竟該如何妥善區分、使用它們呢？舉例來說，如果可作為商品賣點的功能或成分已很明確，就用「（1）現有用途」；如果商品已趨大眾化，或想讓一切條件歸零，從更寬廣的視野來思考的話，就用「（2）品牌利益競爭者」來研擬後續發展規劃。即使在無法動用太多預算進行消費者研究的情況下，這兩個方法仍可使用。相反的，若能對顧客進行訪談，或可觀察他們的行為，則以使用「（3）未顧客行為」來研擬後續發展規劃為宜。

## 別因為企業的合理邏輯而捨棄新市場的發展潛力

像這樣聚焦在生活接觸點上進行考究之後，就可找出幾個新的市場機會。不過，那樣的市場是否真的存在？例如起司蛋糕真的能成為耐力型運動的行動糧嗎？單就印象而言，起司蛋糕過於柔軟，似乎並不適合在運動場景下食用，但它吃起來有飽足感，好像又很符合運動時的需求。既然如此，那就去除水分，做成偏硬的起司蛋糕就行了嗎？還是要做成起司蛋糕口味的餅乾或能量棒……？諸如此類，不確定因素多如牛毛。

這時，要用一句「沒聽過有人運動還吃起司蛋糕的」來全盤否認這個方案，其實非常簡單。要是用公司的合理邏輯來考量，想必

就會淪為這樣的下場。可是，曾被批評為「那種東西怎麼可能賣得動」的產品或服務，到頭來竟席捲整個市場的案例，實在是不勝枚舉。關鍵在於要懂得試著用「**顧客的合理邏輯**」來思考市場機會的發展潛力，而不是企業的合理邏輯（**圖表 4-11**）。

### 在了解「顧客的合理邏輯」前，不應貿然捨棄或選用任何假設

| CEP假設1 | CEP假設2 | CEP假設3 |
| --- | --- | --- |
| 現有用途：工作時的點心<br>使用目標：有點餓時墊墊肚子<br>使用場景：忙碌早晨的早餐替代品、開車或移動空檔的餐點<br>競爭商品：果凍能量飲 | 品牌利益競爭者：糖果<br>使用目標：輕鬆補充糖分<br>使用場景：從事登山、騎單車等耐力型運動時的行動糧<br>競爭商品：巧克力、餅乾 | 行　　為：白天不能吃甜食，但晚上可以<br>使用目標：為一天劃下句點<br>使用場景：從公司下班回家時（夜晚的生活脈絡）<br>競爭商品：葡萄酒、冰淇淋 |

真的有那種市場嗎？

反正不可能暢銷啦！

圖表 4-11　要懂得用「顧客的合理邏輯」來思考，而不是企業的合理邏輯

# 未顧客的
# 「傾聽方式」和「觀察方法」

　　未顧客是一群對我們品牌不太感興趣的人。縱然我們有心想問出他們的需求是什麼，或該怎麼做他們才會想購買之類的「答案」，但這群人自己其實根本沒有答案。此外，我在第一章也說明過，我們無法取得未顧客與品牌連結的數據資料。那還有什麼辦法可行呢？就是要透過行為觀察或訪談，取得呈現 CEP 脈絡的數據資料，再從中找出生活於這個脈絡之下的未顧客，摸索出他們的行為模式與思考邏輯，並據此重新詮釋品牌。所以我們該做的，並不是去問這群人想要什麼，而是從品牌商品使用場景周邊的事實出發，**找出人在處於該種情況時，會出現的思維和行為模式，再根據這些發現來研發商品、製作廣告**，日後再進行量化驗證（請參閱 5-6 節）。

　　在原則 3 的前半，我要說明的是：那些乍看不合理的言行背後，有著「**顧客的合理邏輯**」，而了解這些合理邏輯，至關重要。到了後半，我會解釋如何打造「**替代模型**」——用來了解人被放進特定脈絡或狀況時的合理邏輯（想法、定義事物的方法）。在第二章分析起司蛋糕案例時，就使用過這個架構。

## 顧客的合理，就是行銷人心目中的不合理

　　或許你曾聽過有人這樣說：「消費者的行為根本不合理」、「潛意識宰制了人的行為」。曾有過行銷研究實務經驗的人，應該還碰過顧客言行不一的情況。比方我們在第二章介紹過起司蛋糕的案例，光聽結果，的確會讓人覺得很不合理（**圖表 4-12**）。

　　可是，顧客真的不合理嗎？不能把這個現象，想成是**顧客自有顧客的合理邏輯，只是我們不懂**而已嗎？看在顧客眼中，我們都是「外人」。縱然外人看來覺得不合理，說不定對當事人（顧客）而言非常合理。最沒有建設性的，就是只說一句「不合理」便打發一切（停止思考）。「不合理，那是潛意識」之類的說詞，有時隱含著「所以很難理解，不可能改變」的意思。一般認為，這是因為人們把潛意識定義為像佛洛伊德（Sigmund Freud）提出的那種模糊概念所致。不過，近年來對潛意識的定義，已不再是佛洛伊德所說的

### 光聽結果，會讓人覺得很不合理

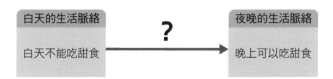

● 不論是在白天或晚上吃，一天攝取的總熱量都一樣
● 選在白天吃的話，之後說不定還可以去公司或健身房，消耗掉蛋糕的熱量；而晚上吃完蛋糕後的活動就只有睡覺

圖表 4-12　光聽結果，會讓人覺得很不合理

那種不著邊際的概念，例如「沸騰的衝動」、「被壓抑的幼時體驗」等。

最簡單易懂的說明，應該是主張人類會分別使用「**快思**」（**系統 1**）和「**慢想**」（**系統 2**）這兩種思考模式的雙歷程理論（dual process theory）吧。許多心理學家都曾提倡過**雙歷程理論**，不過直到丹尼爾‧康納曼（Daniel Kahneman）的著作《快思慢想》（*Thinking, Fast and Slow*）（Kahneman, 2014）問世，才一舉成名。所謂的系統 1，就是不加深思熟慮，近乎全自動的資訊處理。因為是全自動，所以當事人也無法控制。舉例來說，當我們被問到「1 + 1 是多少」時，腦中應該會出現「2」這個答案。不過，當我們看著「1 + 1」這個算式時，腦中就只能想到「2」。那麼換成「1+2」呢？或者是「2 + 3」呢？這就是系統 1，也就是潛意識的運作。

在系統 1 當中，人可以根據過去的記憶和經驗，瞬間做出判斷。可是，它也會只處理對自己有利的資訊，呈現過度導向尋常結論的傾向。最典型的例子就是衝動購物，例如你在店頭看到一件好看的外套，雖然價格比預期貴一點，但你研判「只要稍微控制餐費，應該就可以買得起了」之類的案例。是否真的只要控制餐費就好？要節省多少餐費才夠？諸如此類的數字，都沒有計算。還有，當我們就要衝動購物時，能瞬間意識到「這個危險！」進而發動自制的，也是系統 1。

相對的，系統 2 是講求邏輯的、有意識的資訊處理模式。它做判斷的速度慢，還需要動用專注力，但可做複雜的決策。當系統 1 難以做出判斷時，系統 2 就會啟動運轉。以衝動購物為例，當我們

暫且走出店外冷靜之際，系統 2 就會開始運作，例如想到「只有稍微控制餐費，不夠付這筆錢」、「可以穿的季節有限，我也沒有可以搭配的褲子」、「再去別家看看好了」等等，這些就是系統 2 做的判斷。據說要是所有事情都動用系統 2 來處理，對大腦會造成太大的負擔，所以日常生活大多數的事項，才會由系統 1 處理。

　　儘管系統 1 受其特性影響，容易做出帶有偏誤的不合理判斷，但即使系統 2 啟動運轉，你我也不見得會做出合理的行為。此外，有時系統 1 和系統 2 還會提出大相逕庭的結論，彼此對立，演變成不合理的行為。第二章的起司蛋糕等案例，就是這樣的情況——在白天的生活脈絡當中，想吃甜食的需求（系統 1），和必須留意健康的壓抑（系統 2）對立之下，結果就是需求輸給了壓抑，「三明治」這種不甜的商品雀屏中選；反之，在夜晚的生活脈落當中，系統 1 和系統 2 之間並沒有發生那樣的對立，需求自然就比較容易帶動購買行為，甜食也比較容易獲得認同（**圖表 4-13**）。

　　結果，在顧客心目中就形成了下面這樣的合理邏輯。

---

**顧客的合理邏輯**

「白天在工作，為了健康著想，應避免甜食；不過到了晚上，為了幫這一天劃下句點，可吃點甜食，以便從中獲得充實感」

---

　　綜上所述，即使是相同的購買行為，只要脈絡不同，顧客那些隱藏在脈絡背後的合理邏輯也不一樣。顧客的言行有時就會因為這些差異，而顯得不合理。換言之，**只要能了解顧客言行背後的合理**

## 只要了解行為的背景，就能察覺顧客的合理邏輯

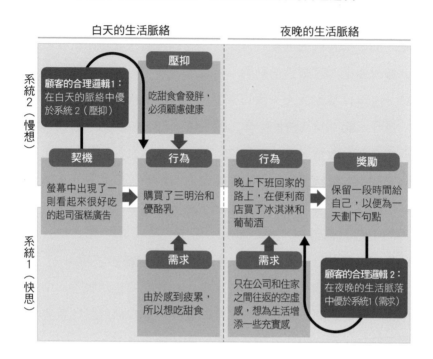

圖表 4-13　在第二章的漫畫中，主角的白天的生活脈絡與夜晚的生活脈絡

**邏輯，還能反過來利用它們，讓行銷操作變得更有利**。比方說我在第二章介紹的起司蛋糕案例，就要鎖定顧客心理門檻較低的夜晚的生活脈落，在行銷上應該會比較有利。

　　商業世界裡的遊戲規則，構圖並不是「因為邏輯合理所以正確（有利可圖），邏輯不合理所以錯誤（無利可圖）」那麼簡單。只要顧客覺得合理，即使我們看來覺得不合理，在商場上就是正確答案；同樣的，只要顧客覺得不合理，即使我們看來覺得合理，在商

場上就是錯誤。因此，我們要重新將顧客的邏輯，定義為「可化為語言文字、可理解的內容」，而不是用「潛意識」或「不合理」等模糊的概念草草帶過。接著還要**考究到底顧客有什麼苦衷或心態，才會把看似不合理的行為視為合理。**

## 將「了解顧客合理邏輯的方法」公式化

顧客的合理邏輯，並不是我們開口問：「你的合理邏輯是什麼？」就能得到答案的。要懂得觀察顧客在 CEP 的行為，並從事實基礎出發，考究「為什麼那個行為對他（她）而言很合理」才行。然而，究竟我們該如何觀察、考究這個想必背後有很多複雜因素盤根錯節的現象？最好要有一定的指引，別仰賴個人的力量。而要處理這樣的問題，不妨先**把事情簡化，再公式化成可解答的問題，**較能有效解決。

在人類認知機制的簡化與公式化方面，**「強化學習」**這種運用在人工智慧（AI）等領域的機器學習（machine learning），能給我們一些靈感。首先，這裡的「顧客的合理邏輯」，是指「在什麼樣的狀態下，應採取什麼行動」，也就是所謂的行為策略（policy）。而這種行為策略，大多已化為生活脈絡中的函數──這是我們在第三章的先行研究當中，得到的提示之一（Allenby et al., 2002; Fennell & Allenby, 2002; Yang et al., 2002）。舉例來說，並非僅有一個「考慮集合」，而是根據 CEP 形成「喚起集合」這樣的情況（Romaniuk & Sharp, 2022），其實也是呈現「品牌選擇策略會受脈絡影響而變化」

的例子。而在強化學習當中，我們就是要讓電腦學習如何在特定環境中獲取最多「**獎勵**」的策略（Sutton, 2018）。

讓我們來試著做一個思考實驗。請循以下的流程（演算法），來思考處於某個生活脈絡下的未顧客：

1）未顧客會從生活脈絡當中，透過經驗來學習「在某個狀態下採取某個行為，對自己會有什麼好處（或者會不會發生什麼壞事）」。

2）在某個狀態下的未顧客，有好幾個行為選項可供執行。

3）機率式地決定在何種狀態下會採取何種行為（顧客的合理邏輯）。

4）在原本的狀態下採取某個行為，會機率式地進入不同狀態。

5）不同行為會帶來不同獎勵，至於什麼是獎勵，則全由脈絡決定。

6）未顧客會在各種狀態下採取行為、收取獎勵，並比較可獲取的獎勵總額。

像這樣用「可獲取獎勵」的期望值，來評比行為在某個狀態下的價值，這個公式，我們稱之為「動作價值函數」。*反覆操作上述步驟，想必**顧客的合理邏輯就會逐漸收斂，讓可獲取獎勵的期望值最高的行為經常獲選**。所以，未顧客現在的行為，應該是根據「能

---

\* 為配合「理解顧客」的意涵，此處對「動作價值函數」的解釋與原定義稍有出入。

將可獲取獎勵在自己目前所處的脈絡中極大化」的合理邏輯。經過這樣一番簡化之後，我們就能把「了解顧客合理邏輯」公式化，變成「釐清哪些脈絡因素規範了獎勵多寡」的問題。換言之，只要以脈絡為基礎，**找出未顧客在該 CEP 之下的獎勵是什麼，以及它為何能成為獎勵即可。**

要做這樣的探索，文化人類學的手法最能派得上用場。長年來，文化人類學當中發展出了一些方法，可於調查未知的對象（社會、族群或個人等）之後，找出一套用來解釋其脈絡、結構的新理論。其中一個方法就是「**敘事取向**」。所謂的敘事取向，就是以顧客描述的「故事」，以及存在於生活脈絡裡的「因子」為基礎，洞察人的認知結構，包括認知如何形成、如何連結到現在的行為等（村山、芹澤，2020）。

我也出版過探討敘事取向的專業書籍，並針對許多品牌，研究過脈絡與購買行為之間的關係，因而得知若限定脈絡只能是某一種生活場景時，行為主要會受以下四個因素規範：「**行為的契機**」、「**構成行為動機的需求**」、「**對行為加諸條件限制的壓抑**」、「**行為可獲得的獎勵**」。接下來，我會依序逐項解說。

---

**在 CEP 找出顧客合理邏輯的四大重點**

契機：「那個行為是在什麼情況下發生的？」

需求：「那個行為是奠基在什麼需求之上？」

壓抑：「那個行為受到什麼限制，或有什麼附帶條件？」

獎勵：「從事該項行為之後，有什麼好處（能避免什麼壞事發

生）？」

---

## 契機：「那個行為是在什麼情況下發生的？」

首先，我們要聚焦在未顧客所從事的行為、活動，了解促成這些行為發生的契機是什麼（**圖表 4-14**）。由於行為會因當下的狀況或環境而變化，故應像以下這樣，以事實為基礎來掌握前因

**以事實為基礎，掌握構成行為契機的前因後果**

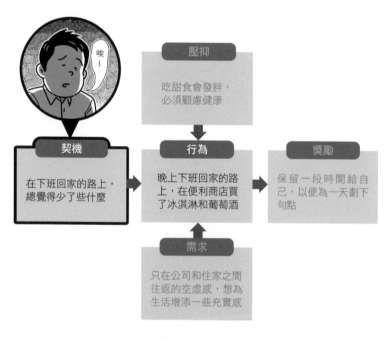

圖表 4-14　契機

後果：

- 做什麼事的時候（what）？
- 在哪裡（where）？
- 和誰在一起？誰不在（who）？
- 什麼樣的時間／時機（when）？


## 需求：「那個行為是奠基在什麼需求之上？」

接下來，我們要針對行為的背景，尤其是心理層面詳加探究。如果我們特別在意「顧客獲取」，那麼我們關注的焦點，往往就會集中在「如何與競爭者做出差異化、如何傳達我方在功能方面的優勢」方面。然而，行銷人必須隨時牢記一件事：奠基在人類需求之上的商品會暢銷；沒做到的商品則會滯銷。

縱然商品功能再怎麼新穎、成分再怎麼獨特，只要在企業的提案當中，看不出這些新穎、獨特能滿足顧客什麼樣的需求，商品就會滯銷。尤其是在追求「顧客獲取」或「拓展使用時機」時，懂得暫且與商品或服務拉開距離，找出商品或服務的使用場景之中，藏著哪些「人類的需求」，顯得格外重要（**圖表 4-15**）。

在操作行為觀察時，我會用一份需求分類來當作檢核表，如**圖表 4-16** 所示（實務上會依脈絡內容調整用詞、搭配組合等，以便探索對方的需求）。

## 那個行為是奠基在什麼需求之上？

圖表 4-15　需求

## 壓抑：「那個行為受到什麼限制，或有什麼附帶條件？」

　　所謂的壓抑，是對需求或行為加諸明示、默示的限制、負擔與條件（**圖表 4-17**）。

　　人畢竟是活在社會當中，因此幾乎所有需求都會或多或少受到壓抑。換言之，人的行為並不是只受到需求掌控，而是在需求與壓抑的拉扯狀態下發生。壓抑和需求一樣，種類五花八門，不過大致可分為三類：「**物理壓抑**」、「**心理壓抑**」和「**社會壓抑**」。

圖表 4-16　需求檢核表

| 理想、進步與自我實現 |
| --- |
| ☐　是否為實現「想變成～」、「要是能更～就好了」的理想而採取行動，或懷抱這樣的念頭？ |
| ☐　面對已經發生的好事，是否採取行動讓它變得更好，或懷抱這樣的念頭？ |

| 適應變化 |
| --- |
| ☐　是否為適應周遭狀況、環境的變化而採取行動，或懷抱這樣的念頭？ |
| ☐　是否為降低，甚至是消除不樂見的影響而採取行動，或懷抱這樣的念頭？ |

| 對快樂或本能的需求 |
| --- |
| ☐　是否出現追求快樂、享樂的行為或念頭？ |

| 性價比 |
| --- |
| ☐　是否出現追求一石二鳥、划算感、性價比的行為或念頭？ |

| 對風險或損害的排除、迴避 |
| --- |
| ☐　是否出現解決物理性損害、障礙、匱乏、不滿足的行為或念頭？ |
| ☐　有無受傷、生病或感染的疑慮？有無避免身心遭遇危險、痛苦及風險的行為？ |

| 例行公事的效率化 |
| --- |
| ☐　是否為了讓重複的日常作業或非做不可的業務變得更輕鬆、更有效率而採取行動，或懷抱這樣的念頭？ |

| 接受人生苦難 |
| --- |
| ☐　是否為接受苦難或不如意的事實而調整想法、看法，或為降低認知失調而自我催眠？ |

| 對「理所當然」的改善或改進 |
| --- |
| ☐　是否為改變長期以來視為理所當然的事而採取行動，或懷抱這樣的念頭？是否為了一些早已認定「就只能這樣做」、「反正就這樣」而放棄的事項，尋求進步或改進？ |

| 化解對立 |
| --- |
| ☐　是否出現仲裁、化解或降低某些對立、不和的行為或念頭？ |

| 利他行為 |
| --- |
| ☐　是否有為自己以外的他人付出的行為或念頭？是否願為化解某人的不滿足、時運不濟或倒楣事而採取行動，或懷抱這樣的念頭？ |

| 順應參考群體 |
| --- |
| ☐　是否為維護自己所屬團體的文化、傳統與規範而採取行動，或發聲表態？ |

| 維護尊嚴或價值準則 |
| --- |
| ☐　當事人的存在價值或價值準則是否受到威脅？是否出現維護個人想法、尊嚴或存在意義的行動、念頭？ |

| 競爭意識、欣羨與自尊需求 |
| --- |
| ☐　是否出現羨慕他人或他人環境的態度、否定言論、嫉妒、爭上位等行為，或懷抱這樣的念頭？ |

| 社交距離 |
| --- |
| ☐　是否為貫徹、強化自己認為正確的事而採取行動，或懷抱這樣的念頭？ |

## 那個行為受到什麼限制，或有什麼附帶條件？

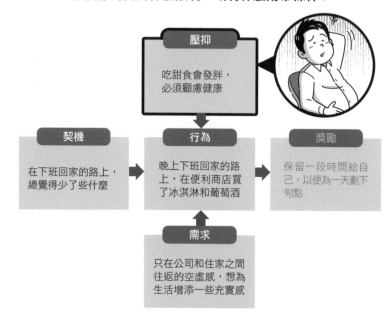

圖表 4-17　壓抑

---

**物理壓抑**

難以取得、不清楚商品或服務的使用方法、使用方法很困難、數量或品質欠佳、資訊不足、種類過多（過少）、曠日費時等

**心理壓抑**

不喜歡、麻煩、想拖延、丟臉、不適合自己、沒自信、恐懼、做了可能會後悔等

## 社會壓抑

社會性、理性、理想樣貌、應然論（規範）、社群裡的不成文規定或規則、道德、生活中的文化思維、生活習慣等

........................................................................................

物理壓抑和心理壓抑比較容易理解，而社會壓抑則往往很難浮上檯面。這時要請你留意的，是未顧客內心懷抱的**定見**。人會根據既往的經驗，建立「這件事就應該這樣」、「必須這樣做才行」、「這很理所當然」等信念。說得好聽一點是經驗法則，說得難聽一點則是所謂的偏誤。而這些定見，有時會形成一種令人意想不到的社會壓抑。比方說，請你懷抱著下面所列的疑問去觀察，應該就可以看出其中的一些壓抑。

........................................................................................

## 定見分析觀點

・這個人心目中理所當然的行為或想當然耳的預期為何？

・有無「這件事就應該這樣」之類，先入為主的觀念？

・有無「這件事必須這樣做才行」之類的個人規則或規範？

・為能看到某個結果，需要的前提為何？

・有無「這樣做就會變成這樣，會引發這件事」之類的刻板印象？

........................................................................................

## 獎勵：「從事該項行為之後，有什麼好處（能避免什麼壞事發生）？」

前面一路看下來，可以發現：所謂需求就是「隨心所欲，想做就做」的行為面向；相對的，壓抑則是「迫於無奈，為所當為（該怎麼做，就怎麼做）」的行為面向。

**需求**

隨心所欲，想做就做（本能、生理、衝動、尋求快感或樂趣）

**壓抑**

迫於無奈，為所當為（社會性、理性、規則、習慣、文化）

除此之外，行為其實還有一個重要的面向——那就是行為的「**獎勵**」。所有行為都會有獎勵，了解「在特定生活脈絡下，能成為獎勵的事物為何」，是我們釐清 CEP 購買行為之連續性與斷續性的重要線索。

在「隨心所欲，想做就做」（需求）的情況下，人們期待在從事該項行為後，能得到某些滿足個人需求的好處。即使是「肚子餓了就吃」這種生理行為，或「閒著沒事所以打電玩」這種尋求快感或樂趣的行為，都一定是在朝著「對當事人有某些好處」（獎勵）的方向前進（**圖表 4-18**）。

在「迫於無奈，為所當為」、「該怎麼做，就怎麼做」（壓抑）

## 從事該項行為之後，有什麼好處（能避免什麼壞事發生）？

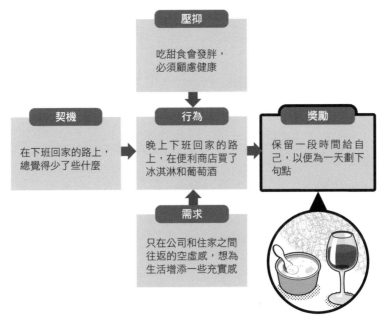

圖表 4-18　獎勵

的情況下，人們認為若不從事該項行為，就會發生某些壞事。舉凡「深夜時分要調低音樂的音量」、「上班不遲到」等，都是「不這樣做的話，就會發生某些壞事」、「為避免壞事發生」（獎勵）的行為。

此外，許多行為其實兼具「需求」和「壓抑」這兩種面向。舉例來說，「刷牙」這個行為，其中一個面向是為了預防蛀牙和口臭，而「迫於無奈，為所當為」之舉；但它還有「讓牙齒健康潔白、清新提神」等好處，故也具備「隨心所欲，想做就做」的行為面向。

獎勵其實也可以說是**顧客因為做了某項行為後，所獲得的「正**

向變化」。而變化又可分為兩種：**物理變化和心理變化**。所謂的物理變化，是指個人的進步或生活環境的改善等變化，例如「以往減肥老是半途而廢，現在能持之以恆了」、「現在晚上睡前不必看手機，也可以自然入睡了」、「新裝置已經可以操作得很順手」等。而心理變化則是指情感、情緒上的變化，例如「從行為中可獲得幸福感、滿足感、成就感或安心感」、「自尊需求獲得滿足」、「紓解內心的不滿」等。心理變化多是伴隨著物理變化出現，但也不乏只有心理變化單獨出現的情況。

不論如何，**人都是因為受到獎勵——「會有好事發生」或「能避免什麼壞事發生」吸引，才會願意做出相應的行為**。從這樣的觀點出發，「未顧客的行為背後，其實都有著某些獎勵。而他們會做出該項行為，應該就是為了獲取那份獎勵」的假設就能成立。接著只要我們能了解那份獎勵為何，就能找到重新定義市場、重新詮釋品牌的途徑，例如「能否應用公司特色，提供那份獎勵」、「能否為自家品牌打造『這個品牌會提供那份獎勵』的定位」等。

## 「花王 Success 藥用生髮水」的替代模型

花王股份有限公司　林裕也先生

　　這裡我要介紹的，是花王旗下男士保養品牌「Success」的生髮液 ——「Success 藥用生髮水」的行銷策略規劃案例。「Success」是自 1987 年銷售迄今的品牌，由於它的牌子老，使用者已趨高齡化，因此如何爭取新進使用者，便成了一大課題。近來，花王祭出了一些以「爭取新顧客」為目的的操作，像是在 2020 年時，就曾以顧客年輕化為目標，推動了一波大規模的品牌改版等。

　　儘管這些行銷操作，一時之間的確為 Success 爭取到了新的年輕使用者，但為了爭取更多使用者的青睞，並且讓顧客願意持續使用，還需要研擬品牌訊息。於是我們便將 Success 藥用生髮水的顧客分為「持續使用者」、「未續用者」、「曾一度中斷，但又重新開始使用者」這三大類，進行質性研究。說得更具體一點，就是藉此掌握男性對於頭髮護理 —— 尤其是在生髮方面的意識與行為，以便建立 Success 藥用生髮水後續的行銷策略。

　　在質性研究當中，我們蒐集了受訪者在顧客體驗方面的敘事，以便掌握顧客對生髮水感興趣的契機、期望和實際使用感受等。接著，花王又舉辦了工作坊，與 Success 團隊分享當下對顧客樣貌的認知，並研擬策略，討論未使用者在出現什麼樣的認知轉

變時，會成為使用者。

　　從研究中可以發現：首先，儘管消費者感覺到自己需要用生髮水來護理，卻又認為「自己還不到那個地步」，所以抗拒跨出「採取行動」的那一步。再者，還需要讓消費者了解持續使用的意義。於是我們便以這些研究結果為基礎，研擬以「頭髮生長期」為切入點的訊息，並以陪伴使用者「肯定自我潛力」的觀點，規劃出一套溝通策略。接著，我們除了投放電視廣告、公關操作、數位廣告、媒體合作、體驗宣傳等手法之外，也用積極正向的脈絡，來傳達「用生髮水」這件事。我們透過以上這些方式，確實掌握了生活者的意識與行為，更因此而打破了每位團隊成員心目中的刻板印象，成功擬訂出了溝通策略。

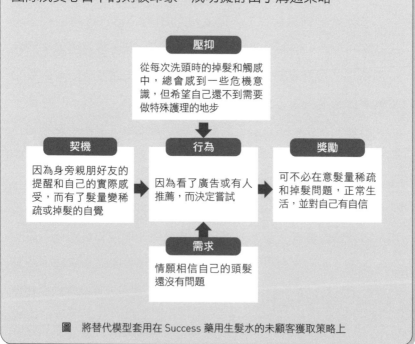

圖　將替代模型套用在 Success 藥用生髮水的未顧客獲取策略上

# 以未顧客為對象的
# 「提案研擬方法」和「價值傳達方法」

### 原則4:「品牌特色」×「未顧客心目中的獎勵」＝最適合該脈絡的品牌利益

「差異化」的相關討論,可說是在新商品研發專案中的「必考題」——也就是「市場上充斥著那麼多大同小異的競爭品牌,除非是差異化程度很高的商品,否則很難爭取到新客戶」、「缺乏新穎之處的話,很難被市場接受」之類的觀點。在這樣的背景之下,業者以極短的間隔推陳出新,接連開發出新商品,但不見得每項商品都能造成轟動,也就是所謂的投千中三(即推出一千種新商品,堪稱暢銷的大概就只會有三種)狀態。

想爭取未顧客的青睞,非得開發新商品不可嗎?只要成功開發出差異化的商品,就能爭取到新顧客嗎?讓我們來想一想這個問題。

## 顧客基本盤和顧客總數不變

首先,讓我們來想一想「差異化」在「爭取未顧客青睞」這件事情上的效果如何。「我們需要具備高度差異化的商品,以便更細膩地因應消費者日趨多樣化的需求」,在談到差異化的意義時,這

是一個很常被提出來的論述。消費者的確是日趨多樣化，這一點毋庸置疑。但真的只要做出差異化，就能吸引到眾多不同需求的顧客嗎？

這裡我們假設市面上銷售的商品，至少從企業觀點來看，都是「經過差異化才推出上市」，也就是包裝成「為不同目標客群解決不同需求的品牌」來銷售。倘若各類消費者族群真的受到這些差異吸引，而成為各品牌的使用者，那麼市場上各品牌的顧客輪廓，應該會大相逕庭才對。

然而現實並非如此。我在第三章也說明過，目前我們已經知道，**互為競爭對手的品牌之間，顧客結構其實大同小異**（Kennedy & Ehrenberg, 2001; Sharp, 2010）。換言之，企業和競爭對手之間，重疊的顧客很多，而且這些品牌都會發展出非常雷同的顧客結構。既然如此，這個假設的前提恐怕有誤——也就是說，**即使企業力圖追求差異化，但還是只有特定客群受到吸引，進而開始選購；反之，有些商品雖被市場認為沒有堪稱差異化的特點，但應該還是有些特定客群不會忽視它的存在。**

接著，我們再來想一想差異化對普及率的影響。除了部分特例情況（請參閱專欄「因多重屬性態度而獲青睞的商品，差異化尤其重要」）外，**企業就算再怎麼追求差異化，到頭來「顧客數」仍不會出現太大的差異**——縱使商品毫無差異化，重度使用者仍會購買；即便力圖差異化，顧客的購買頻率和可動支金額也不會大幅變動。這一點我們在第三章也談過了。

至於非顧客和輕度使用者，其實根本就不會發現有什麼差異。

我以往曾參與過某項食品的感官分析，當時客戶公司內部分成「酥酥口感派」和「脆脆口感派」，彼此對立。所以這次的分析，檯面下其實還有一個隱形主題，那就是「找出答案，釐清消費者想要的是哪一個選項」。這裡問的「酥」、「脆」，並不是指真正的口感，而是要看這些用來說明口感的形容詞，哪一個最吸引消費者。後來，客戶做了分析，並以評比表現較佳的口感描述為訴求，投放了廣告，孰料營收卻毫無變化。

客戶無法接受這樣的結果，於是便做了廣告效果評估。分析概要如下：不管品牌強調的產品口感是酥還是脆，重度使用者都是憑自己對口感的印象購買；至於在輕度使用者群的部分，則看不出任何在統計學上有意義的差異。換言之，不論品牌使用哪一個描述，對未顧客來說，認知到的資訊都一樣。結果就是現有顧客和未顧客所貢獻的營收，都沒有太顯著的變動。消費者並沒有業者想像得那麼敏銳，他們並沒察覺到細微的變化。甚至還有研究指出，察覺得到差異化特點的顧客，其實只有 10% 左右（Sharp, 2010）。

為免誤會，這裡我要稍微補充說明：口感當然是很重要的開發要件。只不過對於未顧客而言，品牌「用了什麼形容詞來表達口感」其實並不重要。一旦在意差異化，我們就等於是用「業者的合理邏輯」去面對競爭對手，落入「**競爭者覺得怎麼樣**」的觀點。然而，未顧客感興趣的，就只有「**我自己覺得怎麼樣**」而已。深究「顧客心目中的價值」，進而不斷發展差異化，當然沒有問題。然而，**即使企業朝差異化的目標邁進，這些舉措也不見得會立竿見影地化為顧客心目中的價值。**

## 因多重屬性態度而獲青睞的商品，差異化尤其重要

因「多重屬性態度」*而獲青睞的商品，差異化尤其重要。舉凡家電、3C 設備、專業道具和機器，還有在 B2B 領域的服務等，都會因為規格和性能的差異，而影響顧客的品牌選擇。不過，即使是諸如此類的商品，光憑差異化就要讓未顧客買單，有時難度還是很高。

比方說，你是否曾有過這樣的經驗？為了汰舊換新而想採購大型家電，但上次採購已是很久之前的事，家電功能進化太多，讓人不知該選哪一款商品才好。結果最後選了同一品牌的最新機型，或是正在特價的前一代高階機型。這時我們在心態上，必須從原本的漠不關心，突然進入不得不評比多種功能的狀態，因此系統 2 無法處理，於是便又回到了系統 1 的判斷。

---

* 用多個不同屬性、觀點，評比商品的優劣，最後會由各項目加權總分最高的品牌獲選。

## 能簡單且確實地獲取獎勵，才是未顧客心目中的重點

別再和競爭對手面對面對決了，好好面對顧客吧！假設顧客心中有著以下這樣一個算式，那麼企業或許是對「放大分子」（「從商品中可獲得的品質」）太熱衷了一點。

**「購買行為的性價比」**

**＝「從商品中可獲得的品質」／「得到商品前所耗費的成本」**

　　前面提過，有些企業會一心追求消費者根本無感的差異，而它正好反映了這個現象。我認為這種過於偏重差異化的趨勢會發生，背景在於要擬出一套「戰勝對手，擴大市占率」的劇本，難度實在太高。就某種涵義上來說，「差異化」這個詞彙，很容易蘊釀出一種「已著手推動策略性措施」的氣氛。「因為競爭對手如此這般，所以我們這樣做」之類的邏輯很合理，容易爭取到公司內部的理解，簽呈也較能順利通過。更何況製造商的使命就是製造商品，所以應該不太有人會直接跳出來，表態反對讓商品再更進化才對。

　　然而，未顧客挑選商品的方法，卻是從選購當下想到的品牌當中，挑出最容易取得的選項來充數——一般大家熟知的「**可得性捷思法**」（availability heuristic），指的就是這種現象（Tversky & Kahneman, 1973）。從這個觀點來看，就可明白在前面介紹的那個算式當中，分母（得到商品前所耗費的成本）的重要性有多麼舉足輕重了。這裡所謂的成本，指的不只是價格，還包括在哪裡買得到、在什麼時機使用、能獲得何種體驗等。這些需要處理的資訊越多，對未顧客所造成的負擔就越重——想必你已經明白，商品的差異化程度越高，未顧客要處理的資訊就越多。

　　讓我們再試著回歸原點想一想：追根究柢，**品牌的功能，其實**

就是要做到「**不讓消費者思考**」（Binet & Carter, 2018）。讓消費者省去「為什麼該買這個品牌」、「哪裡比別的品牌出色」等資訊蒐集、了解、比較、評估等程序（成本），直覺式地認為「像這種時候就買這個」，才堪稱為「品牌」。既然如此，企業該貫徹的，不是令消費者無感的差異化，或有樣學樣地模仿競爭對手，而是要鑽研如何讓消費者覺得「能從這個品牌獲取一些適合當下脈絡的獎勵」。

這樣的概念，我們稱之為「**心理可得性**」和「**物理可得性**」（Sharp, 2010; Romaniuk & Sharp, 2022）。它們的內容，就是在強調消費者生活中有著各式各樣的 CEP，而這些 CEP 能否讓消費者聯想到特定品牌（心理可得性），想到特定品牌時，能否輕鬆取得相關商品（物理可得性），是至關重要的。簡而言之，能留在顧客的記憶裡，又容易取得的商品，才會受到顧客青睞——這樣寫出來之後，或許你會覺得「什麼嘛！這不是廢話嗎？」但要刻意打造這樣的狀態，需經過一定程度的策劃。接下來，我會針對策劃所需的基本概念進行解說。

## 所謂的「善用優勢」，就是連結品牌與生活脈絡

以未顧客為對象的行銷操作，其本質並不是在進行「有助於了解商品的溝通」，而是一種「**認知訓練**」，用來增強品牌與日常生活或行為之間的連結。操作上的焦點，是要連結品牌與未顧客現有的記憶，更新品牌聯想，而不是要他們從零開始，記住品牌產品的新穎性或有別既往之處。我再強調一次：為這些未顧客族群創造更多

與品牌有連結的 CEP，比什麼都重要。

比方說，請你不妨問問親朋好友這個問題：「平常出門口渴時，會喝什麼來解渴？」我猜答案會以茶和水為大宗，還會有人提到幾個品牌名稱。接著，再請你問他們：「當你因為感冒發燒而感到身體不適時，會喝什麼？」寶礦力水得（Pocari Sweat）想必會是多數人的選擇。「因發燒而身體不適」這個 CEP，和寶礦力水得的連結很強，換言之，就是很容易受到消費者的青睞。

創造這種連結的有效辦法，是重新詮釋品牌的特色或功能，把它們包裝成「行為獎勵」。我在原則 3 當中提過「行為會伴隨某些獎勵；因為有獎勵，人才會出現某些行為」。換言之，未顧客在購買行為的契機──CEP 階段的行為或活動，也都伴隨著某些獎勵。既然如此，只要在未顧客心目中形成「從這個品牌，可以得到那種獎勵」的認知，品牌和 CEP 就會連結在一起。也就是說，「購買品牌商品」會和「獲得獎勵」劃上等號（**圖表 4-19**）。

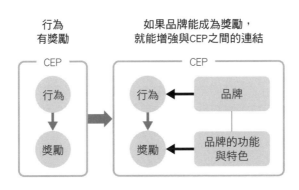

圖表 4-19 「購買特定品牌商品」成為「獲得獎勵」的同義詞

這裡的關鍵，是要明確地傳達「品牌功能或特色會如何化為獎勵」。光是強調有「獨有的特色」或「有別於其他品牌的功能」，還稱不上是完整說明。企業需將它們重新包裝成「未顧客心目中的獎勵」，以傳達「這個品牌能創造何種優質體驗」。因此，**讓我們試著用「品牌特色」搭配「未顧客心目中的獎勵」，打造出適合未顧客所處脈絡的「品牌利益」吧**。品牌利益是清楚表達「顧客能從品牌得到什麼好處」的語句或短文，也會成為廣告或商品開發時的指引。

品牌只有一個，但品牌利益不會只有一項。誠如我在介紹「原則1」時提過，顧客認為品牌如何派得上用場，或從品牌的哪些地方感受到價值，都很主觀，故會因未顧客所置身的脈絡而改變。因此，了解未顧客在這些脈絡下的合理邏輯，進而將品牌特色轉譯為足以解讀成獎勵的內容，便顯得格外重要（**圖表 4-20**）。

我們用第二章那個起司蛋糕的例子，來複習一下這個概念──在主角的對白當中，出現了幾個代表「結束這一天」的詞語，包括「一天就要結束了」、「平日的一天尾聲」等。如果再考量他「每天只在公司和住家之間往返」的背景因素，恐怕在他心中，已分不清今天何時結束、明天幾點開始，而這樣的日復一日又要持續到什麼時候了吧？儘管他回到家之後，還是會吃晚餐、睡覺，但上班模式下的備戰狀態卻一直無法解除，或許早已模糊了每個日子之間的界線。

這麼一想，就會發現「晚上，在下班回家的路上買瓶葡萄酒或甜食」這件事，其實帶有一層涵義，就是「用來結束這一天的儀

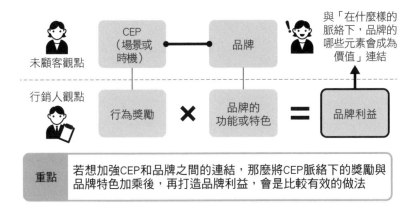

## 打造能連結脈絡與品牌的「品牌利益」

**未顧客觀點** CEP（場景或時機） ── 品牌 ──▶ 與「在什麼樣的脈絡下，品牌的哪些元素會成為價值」連結

**行銷人觀點** 行為獎勵 × 品牌的功能或特色 ＝ 品牌利益

| 重點 | 若想加強CEP和品牌之間的連結，那麼將CEP脈絡下的獎勵與品牌特色加乘後，再打造品牌利益，會是比較有效的做法 |
|---|---|

圖表 4-20　打造品牌利益的方法

式」。它是為了讓工作上感受到的緊張或壓力暫告一段落，確保生活秩序的舉動——像這樣深入洞察之後，就可推知以下這些訊息，有機會成為未顧客的心理獎勵：

- 今天不結束，明天就不會開始。
- 日子有好也有壞，全都扛著不放下，就無法往前走。
- 考慮明天的事情之前，先把今天好好做個結束吧！
- 先為今天劃下句點，以便把明天打造成更美好的一天！

而品牌商品的特色，則是「減少醣質，降低甜度」、「使用三種天然起司」。至於上述那些心理獎勵，看來比較適合搭配後者（**圖表 4-21**）。

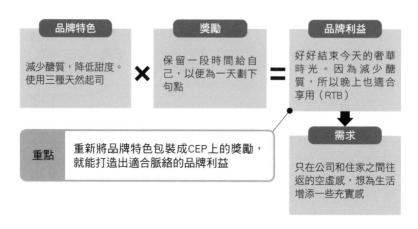

「品牌特色」×「未顧客心目中的獎勵」＝適合脈絡的品牌利益

**品牌特色**

減少醣質，降低甜度。使用三種天然起司

**×**

**獎勵**

保留一段時間給自己，以便為一天劃下句點

**＝**

**品牌利益**

好好結束今天的奢華時光。因為減少醣質，所以晚上也適合享用（RTB）

**重點**

重新將品牌特色包裝成CEP上的獎勵，就能打造出適合脈絡的品牌利益

**需求**

只在公司和住家之間往返的空虛感，想為生活增添一些充實感

圖表 4-21　適合脈絡的品牌利益

　　像這種品牌連結獎勵的狀態，就是「**活用自身優勢**」的狀態。空有功能或特色，還稱不上是優勢。要在未顧客腦海中形成「在特定場景或時機下會成為獎勵」的聯想，優勢才會成為消費觸發點，進而發展成促進消費的優勢。關於 CEP 與品牌之間的連結方法、增強方式的變化型，我會在第五章介紹幾個案例，並深入探討。

## 一致性與獨特性

　　行銷上常有人說一**致性或獨特性**很重要，我想和你一起思考一下這件事。在原則 1 當中，我提到「在顧客的脈絡下，以最合適的角度切入品牌」的重要性——畢竟品牌的價值，取決於要用什麼樣的面向（特色）來當作品牌利益、對外訴求，以及這個品牌利益

是否符合未顧客的脈絡。在前面那個起司蛋糕的案例當中，我們從「使用三種天然起司」這個特色切入，打造出了品牌利益；如果改從「減少醣質，降低甜度」的角度切入，又會怎麼樣呢？

## 特色

減少醣質，降低甜度

## 獎勵

把今天好好做個結束的時間、充實感

內容的確沒有錯，但你是否感覺到些許不對勁？這裡的目標鎖定在夜晚的生活脈落，也就是犒賞脈絡——換言之，在這個脈絡當中，甜度和糖分反而會成為一種價值。這時從「減少醣質，降低甜度」的角度切入，總覺得獎勵稍微差了一點。懂得分辨品牌的哪些元素，能在目標脈絡中成為價值，是至關重要的。當商品開發和廣告溝通的意見無法整合時，商品與廣告的訴求主軸就會出現落差。如此一來，品牌就會失去一致性，而好不容易才在品牌與 CEP之間牽起的連結，就會趨於弱化。

還有，**「持續訴說既定品牌利益」也是一種一致性**，同樣不可或缺。品牌與脈絡之間的連結，並不是一天造成的（雖然密集投放大量廣告，在短期內一鼓作氣地連結品牌與 CEP，確實也是一種做法）。原本由自家公司提出的品牌利益，曾幾何時，竟有後來才投入市場的競爭者說起了同樣的說詞，回過神來更發現自家品牌利

益的描述，已成為形容其他品牌的代名詞，還在市場上扎了根。諸如此類的案例，其實一點都不稀奇。為避免這種拾人牙慧的問題發生，持續講述我方既定的品牌利益，便顯得格外重要——因為持續講述一貫的內容，在顧客腦中就會產生認知捷徑，而這個認知捷徑會被當作是品牌的獨特性，讓人記住不忘。

此外，舉凡品牌商標、吉祥物、代言人、聲音、配色、字體和標語等，讓人可一眼就看出是哪個品牌的獨家特徵，能幫助我們想起或認識品牌。這些能讓人輕易辨識品牌的特色，就是所謂的「**獨家品牌資產**」（Romaniuk & Sharp, 2022）。例如像是蘋果公司（Apple）的蘋果標誌、軟體銀行（Soft Bank）的白戶一家、可口可樂的字體、全家便利商店的進店音等，應該都能讓你立刻想起它們的品牌吧？品牌利益是透過將獎勵化為語言文字，來連結品牌和脈絡，而這種品牌資產，則是負責增強這種非語言部分的聯想。它們的操作重點，同樣是要在多個 CEP 持續一以貫之地使用。

不過，品牌資產絕不是放煙火式地做些標新立異的事就好，動不動就變換包裝、文案和代言人等，會使它們無法穩定地成為代表品牌的世界觀，故需長期經營。

## 貼近消費者心理的溝通設計

**東急廣告代理股份有限公司　大倉新也先生**

　　品牌利益的擬訂，是溝通策略、戰術設計上的一大關鍵。「品牌利益」這件事，其實就是「能帶來這樣的感受」、「能變成這樣的自己」等，只要用英文的「can」來思考，就很容易想得通。不過，光是做出一味強調品牌利益或品牌特色的廣告，溝通並不會成功。

　　要操作一波成功的品牌溝通，關鍵在於「了解顧客所看到的世界」，有時甚至還要「勾勒出顧客看到（想看到）的世界」。為此，我們要細心琢磨一些「問題」，用來探索「行為能得到的獎勵」（我們稱之為「reward」），或「行為背後隱藏的需求（或洞見）」，推敲出顧客所看到、想看到的世界，再與品牌特色結合——這是一套很有效的操作方式。此外，隨著媒體的多元化發展，「訴求機會」、「訴求場景」的斟酌，也就是評估「在什麼場合、時機下，品牌才會顯得特別吸引人」的重要性，更是與日俱增，所以也需要想清楚。上述這些項目都打點妥當之後，才有辦法擘劃出一份以「勾勒出顧客想看到的世界」、「在最佳時機提供」為目標的溝通策略設計圖。

# 打動未顧客的
# 「對策概念」與「手法操作」

## 原則5：思考如何讓人「使用產品」的行為增加，而不是想著產品該怎麼賣

接下來要談最後一項，也就是原則5。本章前半說明了調查、分析未顧客時應特別留意的陷阱，以及一般在主流行銷當中會操作的「原因→行為」型手法，為什麼不適合用在未顧客身上。後半則會從「行為後效」這個概念出發，解說對未顧客訴求能力較高的「行為→原因」型手法該如何規劃。

近年來，數據資料的運用，在許多商業領域都有長足的發展。以往在工作上與數據分析八竿子打不著的上班族，接觸數據資料的機會是否隨之大增？需要「資料探勘」、「證據佐證」的情況，是否也多了起來？而隨著這樣的趨勢崛起，社會上認定「只要看過數據就能理解顧客」的人，似乎也有增加的跡象。

了解數據資料和理解顧客，其實是兩回事。隨著科技的進步，如今我們已可輕鬆取得各式各樣的數據資料和統計指標，但這並不代表人人都能輕而易舉地了解這些數據或指標；再者，光是了解數字，也不意味著我們真的能夠理解顧客。說穿了，如果對統計學、因果推論的基本概念一無所知，只看比例、平均或相關性，就直覺式地提出結論，其實相當危險。尤其是在「理解未顧客」的過程

中，很多人都因為還抱持著傳統的行銷常識，或是因為行銷人自己的刻板印象，以致於倒果為因、因果關係解讀錯誤的情況層出不窮。

## 理解未顧客並不等於解決問題

發生問題時，我們總會去找出原因——因為我們想找出問題發生的原因，進而解決問題。尤其在職場上，特別鼓勵大家用「**解決問題**」的結構，來掌握事物的內涵。很多企管顧問都會說「要解決顧客的問題」，商管書上也總會寫著「懂得動腦想想『WHY』（為什麼），是很重要的事」。於是多數上班族都有「會出問題，就一定有原因或理由」、「只要把它們找出來解決掉就行了」的想法。

因此，對於「不購買」這個動作，許多人抱持的看法是「一定有什麼原因」。然而，在「理解未顧客」的領域當中，你需要改變這樣的典範，因為**「理解未顧客」並不是找出非顧客或輕度使用者尚未獲得滿足的需求，再設法滿足的那種「解決問題型」議題。說穿了，「漠不關心」和「不感興趣」的背後，根本沒有原因或理由存在**。會表現得漠不關心、不感興趣，表示事物根本還在意識範圍之外，沒有原因，也沒有理由。

因此，縱然有人對你的品牌漠不關心，那也不代表「品牌無法解決他的問題，所以無法引起他的興趣」；同樣的，這也不代表你只要為他找出尚未解決的課題，並設法解決，就能引起他對品牌的興趣。所以，**在「理解未顧客」的領域當中，再怎麼搜索枯腸地思考「為什麼他們沒興趣」，都沒有意義**。

即使如此，只要做個訪談或問卷調查，還是能得到一些「有模有樣的答案」，看起來就像是他們不購買的原因，或沒興趣的理由似的。可是，一旦把這些內容當真，用它們來研擬行銷操作，到頭來保證會失敗，因為那些「有模有樣的答案」，都是**行銷人心中那份「應該有什麼原因才對」的偏見，以及顧客心中「想讓言行一致」的心態，所織就出來的幻覺。**

## 「選擇視盲」的陷阱

在對顧客所做的訪談或問卷調查當中，我想應該會問到：「為什麼會買？」「為什麼會選擇這個品牌？」「喜歡它的什麼地方？」之類的問題。然而，人在面對選擇之際，一定會有原因嗎？每個人都能正確地回答出原因為何嗎？

關於這個問題，這裡要介紹一個很有意思的心理學實驗（Johansson et al., 2005）。研究團隊給受試者看兩張臉部照片，並詢問哪一張比較接近受試者的喜好。待受試者指出接近自己喜好的照片後，研究人員會把照片發給受試者，並詢問：「你喜歡他哪裡？」接著就再三重複上述動作，但有時發給受試者的，是他沒有指的那一張照片——也就是不符受試者喜好的臉部照片，還會問受試者：「你喜歡他哪裡？」照理來說受試者應該無法回答，但沒想到實驗結果竟完全相反。發現照片被掉包的受試者，竟不到三分之一；還有過半數受試者看著不是自己選的那張照片，毫不遲疑地回答出「影中人為什麼會是自己喜歡的類型」。

這個實驗就是所謂的「**選擇視盲**」（choice blindness）。它呈現了人會配合自己的行為或選擇來找理由，而且當事人對這件事一點都不覺得有何異狀。在訪談或問卷調查當中，都看得到這樣的現象。要控管選擇視盲所造成的影響，方法並不是用詢問：「為什麼你會選購這個品牌？」或「為什麼你不選購這個品牌？」而是要像我在原則 3 所說明的那樣，拿出「以事實為基礎，蒐集顧客在使用商品時的前後關係，推測在這些前後關係之下，隱藏了顧客的哪些合理邏輯，逐步找出洞見」的分析態度。

## 不是「原因→行為」，而是「行為→原因」

　　分析數據資料時，最需要特別留意的，是「因果的方向」。舉例來說，我們在探討顧客的購買行為時，總會從「會做出這個行為，一定有原因」的觀點來思考。也就是說，當我們看到顧客「購買了品牌 A」的數據資料，就會認為「這個人一定是因為某些原因而喜愛品牌 A，所以才買了 A 牌商品」。

**行銷人的合理邏輯**

喜愛品牌 A（原因）→買品牌 A 的商品（行為）

　　然而，**未顧客的合理邏輯，方向正好相反**──他們不是因為喜歡品牌 A 才買商品，而是「因為是自己掏錢買下的品牌商品，所以特別喜歡」。而像這樣調整自己的認知，以合理化個人行為的現

象，就是所謂的**認知一致性**（cognitive consistency）。比方說買了新車之後，我們就不想在路上看到自己當初比較、評估許久，最後卻沒買的那台車。到時候「當初或許還是應該買那一台⋯⋯」的念頭閃現，就心理健康方面來說，可不是好事。萬一不小心偶遇，我們應該會找一些理由，例如「哎呀，年紀老大不小了，選擇環保的車子才對啊」、「黑色車只要有一點小碰撞、擦傷，都會很明顯。從長遠眼光來看，還是應該選白色，才比較不會後悔」等，以便正當化自己的選擇。

**未顧客的合理邏輯**

自己掏錢買了品牌 A 的商品（行為）→所以喜愛品牌 A（原因）

未顧客是一群對品牌漠不關心的人，幾乎從來都不是「有原因才行動」。然而，很多行銷人卻都是在搞錯因果關係的狀態下，著手分析數據資料。讓我們用起司蛋糕的例子來想一想，假設我們以二十多歲到四十多歲的上班族為對象，進行一項問卷調查，詢問受訪者：「你會在什麼時候買起司蛋糕？」結果多數人回答：「覺得明天也要好好加油的時候。」倘若你在看了這個結果之後，照字面解讀為：「我懂了！原來上班族在覺得自己明天也要好好加油時，會很容易去買起司蛋糕啊！」還用「這個起司蛋糕，獻給努力面對明天的上班族」之類的文案，推出商品銷售，那麼我想銷售情況應該會辜負你的期待。你知道為什麼會賣得不好嗎（除了文案品質太低之外，還有別的原因）？

這時，行銷人腦中預設的，是像**圖表 4-22**那種「先有原因才行動」的因果關係。

然而，未顧客的合理邏輯正好相反：是因為先有「今天又只在公司和住家之間往返，還真是一成不變」這個契機，才會引發「不然至少買個起司蛋糕吧」這個行為，而結果就是萌生「明天也要好好加油」的念頭。「明天也要好好加油」是行為的結果，在買起司蛋糕之前，這些未顧客根本沒有「明天也要好好加油」的打算，也不是因為要好好加油才買起司蛋糕。真正驅使這些人買起司蛋糕的**觸發點**，是「今天又只在公司和住家之間往返，還真是一成不變」這個脈絡。所以，用「明天也要好好加油」來寫文案，是行不通的（**圖表 4-23**）。

這是一個被**干擾因子**（confounder）蒙蔽的典型案例。干擾因子是指會對原因和結果都造成影響的第三個變數。在起司蛋糕的案

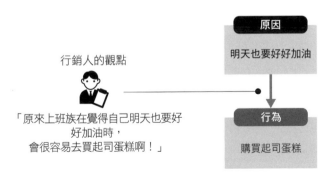

**乍看之下，是原因催生出了行為**

行銷人的觀點

「原來上班族在覺得自己明天也要好好加油時，會很容易去買起司蛋糕啊！」

原因
明天也要好好加油

行為
購買起司蛋糕

圖表 4-22　行銷人預設的因果關係

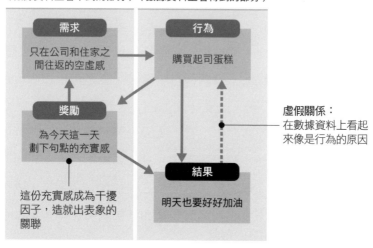

**顧客的合理邏輯**
（數據資料上看不到的部分）

**行銷人的合理邏輯**
（數據資料上看得到的部分）

圖表 4-23　未顧客的合理邏輯（與行銷人的合理邏輯比較）

例當中，背後有著「獎勵」（充實感）這個干擾因子。它在「明天也要好好加油」和「購買」之間，創造出了表象的關聯。在購買起司蛋糕和充實感之間，形成了一個「吃起司蛋糕就能獲得獎勵（充實感），所以才會再買起司蛋糕」的循環。而獲得充實感之後，還會萌生「明天也要好好加油」的念頭，因此在數據資料上，「購買起司蛋糕」和「明天也要好好加油」是相關的。然而，它其實是一種要先有獎勵，也就是有「為今天這一天劃下句點的充實感」存在，才能成立的表象關聯，所以只訴求「明天也要好好加油」，根本打動不了未顧客。

　　綜上所述，若不懂得多考慮未顧客的合理邏輯，只看數據資料

的表面做判斷，就會落入陷阱之中。囫圇吞棗地接受相關性強弱、統計上的比例，便認定「因為顧客這樣說」、「因為數據資料這樣呈現」，就是一種停止思考。其實洞見很多時候是存在於干擾當中，因此用這些指標當作線索，深入挖掘這些數據資料背後，究竟隱藏著未顧客的哪些合理邏輯、是否有些脈絡已化為干擾因素，這樣的探討，能幫助我們真正地理解未顧客。

## 預防倒果為因所需的觀點

　　面對未顧客，就連平時覺得想當然耳的因果關係，也要特別留意。我們就以**品牌形象**（brand image）為例，來思考這個問題。一般而言，我們多半會認為，只要提升品牌形象，消費者就更有機會選購品牌商品，也就是說，因果關係應該是以品牌形象為「因」，購買為「果」。

------

**行銷人的合理邏輯**

品牌形象→購買（營收、市占率）

------

　　產品評比、競品調查和廣告效果評估等，大致也都是以上述這樣的因果方向為前提來安排，用「可信賴」、「覺得很放鬆」之類的項目來評測品牌形象，評估廣告反映在營收上的效益，並與競爭品牌做比較。而行銷人則會用這些數據資料，找出可促進消費者購買的品牌形象，再進一步開發合適的廣告溝通或創意，以提升這個形

象。但在「理解未顧客」的領域當中，我們就要懂得懷疑這樣的因果方向是否正確了。

有一說認為，品牌形象會影響品牌權益——也就是品牌的價值（Aaker, 1991; Keller, 1993）。那麼是否會對購買行為造成影響？許多研究都認為，**不是「品牌形象的提升，帶動了購買行為」，而是「消費（使用）優化了品牌形象」**。

### 未顧客的合理邏輯
購買（營收、市占率）→品牌形象

比方說，在多種商品當中，我們都看到「對品牌抱持正向聯想者的占比，在現有購買者族群當中最高，在未購買者族群當中最低」的趨勢（Bird et al., 1970; Romaniuk et al., 2012）。此外，品牌的營收或市占率越高，越是會在任何品牌形象評測中拿到高分（Sharp, 2010）。

綜上所述，只要市占率或普及率上升，品牌形象自然就會隨之提升；不過，縱然品牌形象提升，不代表未顧客就會因此而購買，市占率和營收也不會因此而增加——若要用更貼近實務的描述，就是**「即使原汁原味地傳達粉絲或重度使用者在品牌上所感受到的迷人之處，非顧客或輕度使用者還是會無動於衷」**。

就我個人的經驗而言，從消費品到耐久財，都看得到這樣的趨勢。舉例來說，若以粉絲或重度使用者為對象，調查品牌在這些顧客心目中的形象，就會發現得分突出的，不只有鮮明呈現品牌特色

的項目，而是所有項目的得分都偏高，且與購買意願呈現正相關。不過，如果把分析對象聚焦在未顧客，或是加上「最近才首次購買或使用」的篩選條件，就會發現原本在重度使用者客群當中那個顯著的正相關，變成了無顯著相關，或相關性變得微乎其微。若你手邊有類似的數據資料，請務必拿來驗證看看。**若將分析對象鎖定在未顧客，或以「最近才首次購買或使用」為預設條件後，仍能找出相關性未消失的主因，那麼它將會是一個極具威力的關鍵購買因素（key buying factor, KBF）選項。**

## 「愛上」的脈絡，與「持續喜愛」的脈絡是兩回事

現在很流行「寵粉」、「培養忠實顧客」之類的行銷操作。不過，把這些原本用在忠實顧客身上的行銷操作，拿來套用在未顧客身上時，需要特別留意。有時，我會碰到一些認為「只要善待忠實顧客，他們自然就會幫忙帶新顧客進來」的行銷人。這種思維，在只接待常客的會員制餐廳等場所，或許還能成立，但在一般的 BtoC 製造商或實業公司，可就不是這麼一回事了。

如果把在社群網站上追蹤品牌官方帳號，貼正向留言、影片，甚至是積極參與品牌所舉辦的活動、社團的人，稱作「粉絲」的話，那麼他（她）們其實是本來就喜愛品牌，忠誠度極高的一群人，所以才會追蹤品牌社群帳號，還加入品牌社團。

**粉絲的合理邏輯**

喜愛品牌才購買商品→社群網站或粉絲社團

看到這樣的現象，行銷人總會想回應這些粉絲的期待，想讓他們更熱愛自家品牌，於是便更努力經營社群、舉辦粉絲活動等。到這裡為止，行銷人的合理邏輯，與粉絲的合理邏輯是一致的，雙方維持一種對彼此都有利的關係。

**行銷人的合理邏輯**

更積極經營社群網站或粉絲社團→粉絲更喜愛品牌

**粉絲的合理邏輯**

更喜愛品牌→更積極參與社群網站或粉絲社團

於是有部分行銷人開始懷抱更多期待，認為「只要加強社群網站上的互動，擴大活動或社團規模，應該能讓非顧客或輕度使用者也成為粉絲吧」。

**行銷人的合理邏輯**

更積極經營社群網站或粉絲社團→未顧客也會愛上自家品牌吧？

然而，事情的發展並不會如他們所願，因為儘管在粉絲身上，

「喜愛品牌→購買商品」的邏輯確實可以成立，但在未顧客身上可就行不通了。**即使從「變數間之相關性必定偏高的某個群體」蒐集數據，確認具高度相關，也不代表這已經證明它是可外推（套用）到其他群體的一種因果關係**。粉絲本來就是喜愛品牌的一群人，找粉絲來做問卷調查，問他們：「是否覺得社團和活動等行銷操作（粉絲經營）很吸引人？」「是否因為這些行銷操作而促使你購買？」答案想必都是肯定的。可是，我們無法光憑這個調查結果，就斷言「粉絲經營」用在未顧客身上也有效。比方說喜歡釣魚的人，就會特別留意氣象預報；但對釣魚沒興趣的人，並不會因為看了氣象預報，就開始跑去釣魚吧？

　　這就是所謂的「**羅瑟・李茲謬誤**」（Rosser Reeves fallacy），是自半世紀前就已為人所知的錯誤。它是一個很重要的概念，所以我要再稍加詳述，請參閱**圖表 4-24**。粉絲的合理邏輯當中，存在著「喜愛品牌」這個干擾因子，所以「粉絲經營→購買品牌商品」才會成立。此時在資料上留下的紀錄，就只有「粉絲經營→購買品牌商品」這個事實而已。只看紀錄，的確會覺得「粉絲經營→購買品牌商品」這一套邏輯，在未顧客身上也適用。但在未顧客心目中，「喜愛品牌」這個合理邏輯並不存在，所以沒有走後門的途徑可循，以致於「粉絲經營→購買品牌商品」的相關性消失，也就是說它對未顧客發揮不了效力。

　　越是品牌的忠實粉絲，越會注意到品牌所打出的廣告。同樣的道理，豈不是也能套用在行銷人身上嗎？越是會在社群網站上發表正向留言或影片的熱情粉絲，越容易吸引行銷人的注意，所

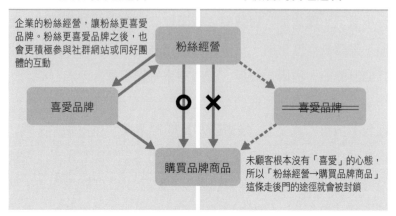

圖表 4-24　粉絲與未顧客的合理邏輯呈現「羅瑟‧李茲謬誤」

以看在行銷人眼中，會覺得他們簡直就像是代表所有顧客的代言人。然而，請你回想一下我在第一章和第三章說明過的負二項分配（NBD），市場上大多是未顧客。況且如前所述，粉絲的觀點，與未顧客大相逕庭。

　　前面提到「羅瑟‧李茲」時，是個謬誤的代名詞，但其實他也曾提出過「獨特銷售主張」（unique selling proposition, USP）這個重要的概念，是一位老練的行銷人。我們也要懂得用冷靜的觀點，看清行銷手法的性質，分辨在何種目的之下，使用哪些手法會奏效、哪些則否。

## 觀察「顧客」，而不是「手法」

　　一般而言，透過大學課程或書籍、講座課程等方式，認真學過行銷的人，往往越容易以「有 X（原因），就會發生 Y（購買行為）」這種「套路」，來思考行銷議題。這是因為在那些書籍或課程當中出現的範例，或多或少都會以「原因→行為」的邏輯來當作前提。

「原因→行為」型的邏輯範例

- 讓消費者愛上自家品牌，進而購買商品
- 讓消費者了解自家品牌與競品的差異，進而購買商品
- 深化與顧客之間的關係，以驅使顧客購買商品
- 提高顧客對品牌的忠誠度，以驅使顧客購買商品
- 強化消費者對企業遠景的共鳴，以驅使消費者購買商品
- 宣傳自家企業是積極推動永續發展目標（Sustainable Development Goals, SDGs）的企業，以驅使消費者購買商品
- 提升品牌形象與信任，以驅使消費者購買商品

　　年年推陳出新的行銷手法和商務解決方案，其實也都流於「有 X（操作），Y（營收）就會增加」的套路。一聽到「X 是原因，Y 是結果」的說法，總會讓人莫名覺得「蠻科學的」，但並不是所有知名理論都一定正確，大家都在用的方法，效果也不見

得經過證實。

要**鑑定**（證明真有效果）一個手法、方案是否有效，基本上都要進行「**隨機對照試驗**」（randomized controlled trial, RCT），也就是比較它用在隨機分配的不同群體上，效果會有何差異。RCT 因 2019 年獲頒諾貝爾經濟學獎的貧窮議題研究，而成為全球關注的焦點，想必應該有些讀者聽過。在行銷領域當中，要進行完整的 RCT 相當困難，故需運用統計模型來找出因果關係，或補正數據，讓數據資料能更趨近 RCT 的數字——簡而言之就是曠日費時又花錢。在這樣的背景推波助瀾下，行銷界的確存在著不少缺乏實證的操作，它們的科學根據，比行銷人心中那份「希望 X 和 Y 相關」的期待，或是顧問公司的業務簡報資料，還來得貧乏。

如前所述，在爭取非顧客或輕度使用者的青睞時，因果關係並不會如我們期待的那樣，清楚鮮明地成立。而行銷人會因為時下流行，或其他行銷人都在用，就想把同樣的行銷手法，套用在自家品牌看看，最後往往落得「雖然做了 X，Y 卻毫無改變」的下場。建議你別只關心手法，好好面對顧客吧！


## 別期待「改變想法，進而改變行為」，要「直接改變行為」

讓我們再稍微改變一下觀點。說得極端一點，企業既然是做生意，只要顧客願意買單就好，應該沒必要過問人家為什麼願意買。

重點應該在於增加顧客的購買、使用，也就是「品牌樂見的行為」。因此，**建議你不妨直接想想：「該怎麼做，才能讓顧客『使用品牌商品』的行為增加？」別再間接地思考：「該怎麼讓顧客愛上我們的品牌，並且願意付出更多行動？」**

「把房間打掃乾淨，或把桌面收拾整齊之後，會感到神清氣爽，思路也隨之清晰」各位是否有過這樣的經驗？常有人說「房間亂就是心亂」。然而，在房間髒亂時，我們其實不會有太深刻的感受，反倒是在打掃完後，才能切身體認這句話。房間整潔會讓人覺得特別舒服（行為的結果）。於是之後的幾天，只要一有垃圾，你就會馬上收拾；或是不再隨手亂扔讀過的書籍、資料，懂得好好整理妥當（下一次行為）。此時，你才會切身體認「整理的確很重要。『房間亂就是心亂』這句話說得真有道理」。**圖表 4-25** 呈現的就是上述這個循環。

我想你應該看得出來，這裡形成了一個「行為創造獎勵，獎勵化作原因，帶動下一次行為」的**回饋循環**（feedback loop）。透過這個循環，行為與原因之間的連結就會更加緊密，當事人也比較容易意識到這件事。因此，倘若我們問當事人：「為什麼你願意打掃？」想必對方應該會回覆「因為房間亂就是心亂」之類的答案吧。**在本節一開始，曾談到「消費者會找理由」，而這個現象背後的原因，就在於上述的循環。**

反過來說，我們也可以**利用這樣的循環，來促使消費者改變或增強行為模式**。這裡我要介紹在英國倫敦，為鼓勵民眾配合資源回收所舉辦的一項名為「One bin is rubbish」的活動。

**行為創造獎勵，獎勵化作原因，帶動下一次行為**

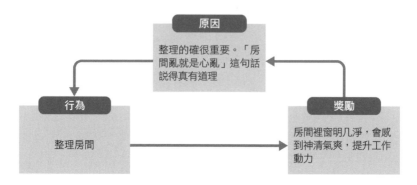

圖表 4-25 「房間亂就是心亂」示意圖

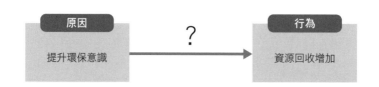

圖表 4-26 提升環保意識，就會增加資源回收？

　　如果要你想一個能鼓勵大眾配合資源回收的廣告，你會想到什麼樣的手法呢？比方說，你可能會說明垃圾對生物的影響，以及生態環境遭到何等破壞，並傳達「現在，就從你我能做的事開始做起」之類的訊息。這個操作的構圖，是希望透過提升民眾的環保意識，促使民眾配合資源回收（**圖表 4-26**）。

　　而倫敦當局所採用的方案，不是用「為什麼要做資源回收」來說服民眾，而是著眼於「如何讓家中垃圾桶四周變乾淨」的活動。如果只有一個垃圾桶，那麼裝不下的瓶罐、小袋裝的垃圾等，

就會堆積在垃圾桶四周。既然如此，那就只要再放一個垃圾桶即可。換言之，「One bin is rubbish」（垃圾桶很快就裝滿），其實是一則訊息，要用來鼓勵民眾做出「那就再多放一個垃圾桶吧」的行為（Sutherland, 2019；金井譯，2021）。

這個訊息的高明之處，在於它的處理方式，不是透過扭轉民眾的想法或價值觀來改變他們的行為，而是聚焦在**打造出一個容易從事行為的狀態**。如果從「先說明原因，進而促使民眾採取行動」這個觀點出發，那麼我們訴求的訊息，就會是「讓我們做好垃圾分類，以保護生物和環境」、「你我都有責任為環境盡一份心力，所以該要落實資源回收」。不過，要讓民眾先接受行為的原因，還要讓他們採取行動，已經是兩階段的行為改變。

相對的，「多放一個垃圾桶」非常簡潔。只要有兩個垃圾桶，人自然而然就會做垃圾分類，於是就能得到「即使被朋友、鄰居看到垃圾桶，也完全不覺得丟臉」的獎勵（**圖表 4-27**），它會促使民眾下一次再落實資源回收。換言之，「多放一個垃圾桶」，成了行為經濟學上所說的推力（nudge）。

## 從「增加使用行為」的觀點來思考行銷操作

想讓那些對品牌漠不關心的人動起來，需要的心態不是去「說服」或「引發共鳴」，**而是品牌主動貼近未顧客已建立的行為或習慣**。別指望透過「改變顧客」來讓他們購買自家商品，而是要以「顧客不改變」為前提，選擇一個不改變的習慣或行為，讓品牌與

**別期待「改變想法，進而改變行為」，要「直接改變行為」**

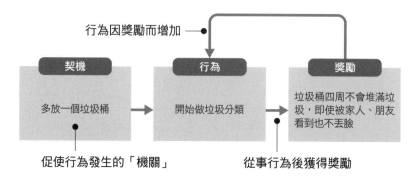

圖表 4-27　多放一個垃圾桶，直接改變行為

之看齊，追求徹底的同質化。此時的重點在於：

**（1）對未顧客而言，這個行為是「什麼事情的一部分」？是朝什麼目標邁進的行為？**

**（2）該怎麼做才能讓這個行為變多？**

　　要聚焦在這兩個重點上，來思考行銷操作。站在企業的立場，當然是希望未顧客買品牌商品、用品牌商品的行為多多益善。然而，這些行為固然是企業的目標，卻不是顧客的目標。顧客消費的目標，永遠都是「讓自己、讓生活過得更好」，而品牌商品則是要買來達成這個目標的方法。因此，用來刺激顧客購買的行銷操作，同樣應該對顧客達成目標有所貢獻（**圖表 4-28**）。

　　首先，我們要用顧客的觀點，看準顧客的目標在哪裡。以剛才

## 行銷操作要對顧客的生活目標有貢獻，以促進購買

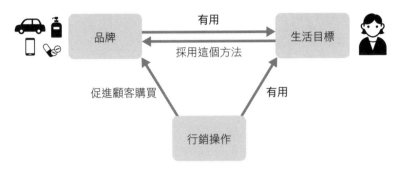

圖表 4-28　對顧客達成個人生活目標有所貢獻，以促進顧客購買

───────────────

的資源回收為例，倘若目標是「美化地球環境」，那麼「保護生物和地球」這個訊息，應該就足以喚醒資源回收行為才對。可是，對大多數民眾來說，就算聽到「美化地球環境」，應該會覺得這個議題太過龐大，無法將它視為個人的目標吧？縱然會說想美化環境，但日常生活中會特別留意的，也是自己周遭的環境。換言之，在大多數民眾的心目中，**「做好資源回收」這個行為**，只不過是「美化個人居住環境」的一環，而不是**「美化地球環境」**的一部分。正因如此，「One bin is rubbish」這個不談「守護地球」，改用「美化個人居住環境」作為概念的提案，才會如此打動人心。

────────────────────────────

目標：美化地球環境

　　→　○保護生物和地球

目標：美化自家居住環境

　　→　×保護生物和地球

　　→　○「One bin is rubbish」

----

　　第二章那個起司蛋糕的例子也是一樣。對上班族而言，「晚上下班回家的路上，**在便利商店購買起司蛋糕**」這個行為，並不是**「明天也要努力工作」**的一部分，而是「為今天劃下句點」的一部分。因此在訊息設定上，也就成了支持「要保留一段為今天劃下句點的時間」的內容。

----

目標：明天也要努力工作

　　→　○明天也要好好加油

目標：為今天劃下句點

　　→　×明天也要好好加油

　　→　○在明天開始之前，先好好為今天劃下句點

----

　　綜上所述，要讓對品牌漠不關心的人動起來，**關鍵在於**要先看出「使用品牌商品」在「生活」這個大範圍之下，究竟有何意義，**再讓顧客購買商品之後的目標，和行銷操作的目標，能在生活層級達到一致**。知道顧客的目標為何，在行銷操作時該主打什麼訊息、操作上的語氣和風格（tone and manner）為何等，自然就會定調。說得更明白一點，**其實行銷操作的功能，就是在未顧客為達到目標**

而採取某些行為時，從旁提供協助。

---

**可增加未顧客行為的行銷操作範例**

▶ 為目標、行為或狀況命名、貼標籤

▶ 讚揚行為，給予獎勵

▶ 提供對行為有益的資訊

▶ 代為表達行為的困難、麻煩或痛苦

▶ 描述行為滿足需求的狀態

▶ 對行為的卓越之處或意義表示共鳴

▶ 準備方便從事行為的地點或活動

---

以前述的資源回收為例，其實就是透過代為表達「如果只有一個垃圾桶，垃圾就會丟得到處都是」的情況有多麼令人痛苦、分類有多麼困難，並且將這個現象命名為「One bin is rubbish」的行銷操作，以便讓民眾「多放置一個垃圾桶」的行為增加。

## 利用後效推動品牌定位

若想讓未顧客多從事一些品牌樂見的行為，那麼多了解「**後效**」\*會是一個很有用的方法。後效是一個**迴圈結構**，是指在行為因

---

\* 在心理學或行為療法當中，「後效」指的是由契機、行為與結果這三項要素所構成的「三期後效」。而在本書中，我用需求取代契機，獎勵取代結果，以便將這個概念援引到行銷上。此外，在行為療法上談的後效，並不考慮認知的影響，只聚焦在行為面向；然而這樣並不適合直接拿來應用在行銷上，故在此謹調整為加入認知面向的模式。

某個契機而發生之後，將其結果回饋給當事人，進而對日後的行為加諸條件（增減）。在本書當中，這樣的迴圈結構已經出現過好幾次了吧？如果行為的結果，能促使當事人心目中的好事發生，這個行為就會增加——這就是所謂的「**增強**」（reinforcement）；反之，若出現當事人心目中的壞事，就會導致該項行為減少，我們稱之為「**懲罰**」（punishment）。也就是說，能獲得獎勵的行為，比較容易持續下去；得不到獎勵的行為，就會被我們從行為選項中淘汰。不過，這兩者多半是在當事人沒有察覺的情況下發生的。**運用後效的概念來理解未顧客時，對迴圈結構的了解是一大重點**；換言之，我們不只要知道「為什麼會出現這個行為」，也就是初次行為的契機，還要深入思考「**為什麼他們會持續從事這個行為，或為什麼沒有繼續下去**」。

在第二章那個起司蛋糕的案例當中，究竟包含了哪些後效呢？我們就先用白天的生活脈絡來想一想。工作時無意間看到的廣告成了契機，讓主角興起了想吃甜食的念頭，但因為「得顧慮健康才行」的壓抑心態，又讓他忍了下來。可是，以往不也曾有過忍不住偷吃甜食的經驗嗎？當時的那份罪惡感，或許正是壓抑生成的原因之一。此時的後效會如**圖表 4-29** 所示。

在這個迴圈當中，因為「不小心吃了甜食」而心懷罪惡感，所以行為（工作時買了甜食）減少。像這種因為引發某個結果而使行為減少的案例，就是「懲罰」；至於造成行為減少的因素（如壓抑），則是所謂的**懲罰物**。「買甜食」這個行為，會因為上述這個迴圈一再重複，而在白天的生活脈絡當中逐漸減少。

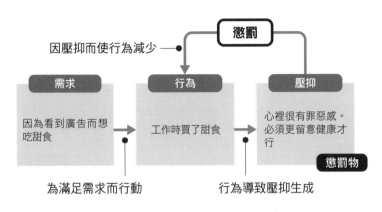

## 白天購買行為的後效①：懲罰

**懲罰**

因壓抑而使行為減少──

| 需求 | 行為 | 壓抑 |
|---|---|---|
| 因為看到廣告而想吃甜食 | 工作時買了甜食 | 心裡很有罪惡感。必須更留意健康才行 |

**懲罰物**

為滿足需求而行動　　　行為導致壓抑生成

圖表 4-29　白天購買行為當中的後效

　　在夜晚的生活脈落當中，則可看出另一套不同的後效（**圖表 4-30**）。在這個迴圈當中，因為可以獲得「為一天劃下句點的時間」這個獎勵，所以會帶來這項獎勵的行為（買冰淇淋或葡萄酒），便逐漸增加。換言之，是獎勵增強了行為。而這種促使行為增加的因素（如獎勵），就是所謂的**增強物**。

　　由此可知，顧客「白天不能吃甜食，但晚上無妨」這個合理邏輯得以成立，是因為顧客心目中已經確立了「增強」的後效，而且這份增強，相對會比來自罪惡感的「懲罰」更勝一籌。綜上所述，**只要順著未顧客心中的那份後效來發展行銷溝通，品牌就能在「懂得借力使力，讓行為持續下去」的定位上，占有一席之地，於是便更容易創造出新的使用機會**（圖表 4-31）。

## 晚上購買行為的後效②：增強

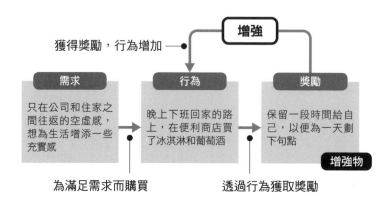

圖表 4-30　晚上購買行為當中的後效

## 運用後效為起司蛋糕定位

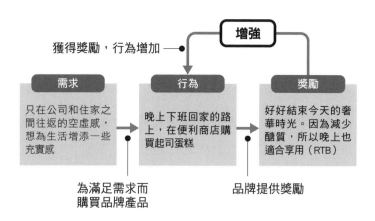

| 重點 | 在循環迴圈中設定品牌定位，以便順著顧客的合理邏輯，創造使用機會 |

圖表 4-31　運用後效為起司蛋糕定位

# 運用多個後效來增強行為

　　同一個行為，有時也可能是多個後效作用之下的結果——也就是**在同一個行為背後，存在著不同需求、不同獎勵的情況**。此時，即使行為會造成懲罰，但只要有一部分能形成增強，就可以利用增強部分的後效，讓未顧客多多從事我們樂見的行為。以起司蛋糕的例子而言，利用的不是「懲罰」運作的白天生活脈絡，而是「增強」運作的夜晚生活脈落，以開發顧客消費起司蛋糕的機會。像這樣**妥善運用多個後效的資訊，就能更有效率地增強未顧客的行為**。

　　在起司蛋糕的案例當中，為了更深入了解晚上的後效，於是我們持續觀察，得到了以下這些訪談內容。就讓我們透過訪談，解讀其中的後效，並構思一些能更增強樂見行為的行銷操作。

---

**—— 你會覺得「整天忙得分身乏術，沒有個人時間」這件事很空虛嗎？**

　　「我覺得身在這個業界，平日沒有個人時間，某種程度算是無可奈何，所以我區分得很清楚，平日就是工作，週末就做自己想做的事。畢竟平日真的做不了什麼事，只能匆匆回家，哪裡都不去。反正都累了，就早早上床睡覺。大概是這樣。不過倒是會特別珍惜週末的時間」。

**—— 你曾在週末買過起司蛋糕嗎？**

　　「沒有欸，我都專注在自己的興趣——電玩遊戲上，對吃並

不講究。最近幾乎都是叫外送，要不然就是吃一些即食食品之類的，沒想過要吃得更講究，除非是和朋友約出去吃飯，那就另當別論了。不過我倒是在平日買過起司蛋糕」。

**──平日你在什麼情況下會買起司蛋糕？**

「外國連續劇最新集數上架的日子，就算是平日也很特別，會很期待下班回家。追劇時我會想吃點東西，所以會準備晚間的小酌套餐──其實也只是在便利商店買的一點酒水和幾樣下酒菜而已。套餐甜點的部分曾經買過起司蛋糕」。

**──既然你說是晚間小酌，那就是喝酒配起司蛋糕囉？**

「算是嗎？我很喜歡喝葡萄酒，還有威士忌搭蘇打水的高球（highball）調酒也很常喝。不過，我最近才發現，口感甘冽的威士忌和偏甜的白酒，搭配起司蛋糕其實很對味」。

**──你會到處去買一些不同的起司蛋糕來品嘗嗎？**

「不會，我沒有做到那種地步。況且沒什麼事的平日，應該不太會心血來潮去找起司蛋糕吧？大概都是『剛好看到』之類的。話說回來，起司蛋糕也不是到處都有賣吧？頂多是偶爾在便利商店會看到」。

利用後效研擬行銷操作的步驟如下所示，讓我們依序看看各個項目：

**（1）透過行為觀察或訪談來建立替代模型。**
**（2）找出品牌樂見的行為與 CEP。**
**（3）找出鼓勵與阻礙樂見行為發生的主因。**
**（4）思考能增強鼓勵、減少阻礙的行銷操作。**

## （1）透過行為觀察或訪談來建立替代模型

首先，我們要透過訪談建立替代模型，以確認 CEP 具備什麼樣的後效。比方說像是以下這樣的模型（**圖表 4-32**）。

## （2）找出品牌樂見的行為與 CEP

接下來，我們要思考的是：該增加哪些行為，才能讓未顧客願意使用品牌商品。就像有人會說「我區分得很清楚，平日就是工作，週末就做自己想做的事」一樣，從這句話當中，可看出這個人就是用「平日和週末」做區隔，定義自己一星期的安排。

看來有潛力拓展商機的不是週末，而是平日。當我們深入確認「我倒是在平日買過起司蛋糕」這句話的事實背景，就會發現「外國連續劇最新集數上架的日子，就算是平日也很特別」、「追劇時我會想吃點東西，所以會準備晚間的小酌套餐」之類的契機。換言

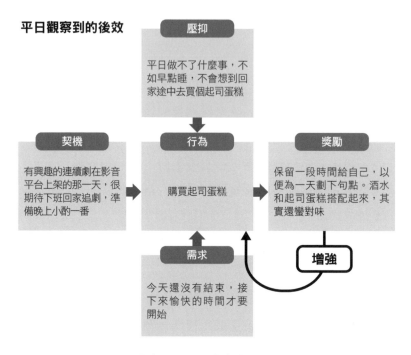

**平日觀察到的後效**

**壓抑**

平日做不了什麼事，不如早點睡，不會想到回家途中去買個起司蛋糕

**契機**

有興趣的連續劇在影音平台上架的那一天，很期待下班回家追劇，準備晚上小酌一番

**行為**

購買起司蛋糕

**獎勵**

保留一段時間給自己，以便為一天劃下句點。酒水和起司蛋糕搭配起來，其實還蠻對味

**需求**

今天還沒有結束，接下來愉快的時間才要開始

**增強**

圖表 4-32　平日觀察到的後效

之，起司蛋糕是在平日享受小確幸時，買來搭配的良伴。

　　不過，在這個邏輯當中，還存在著「畢竟平日真的做不了什麼事」的壓抑，這句話讓人感受到了些許忍耐和無奈。考量到受訪者用「區分」來描述平、假日，還提到連續劇最新集數在影音平台上架的日子「期待下班回家」，想必這位受訪者本來其實也想好好享受平日時光。由此可知，在「平日下班回家」這個脈絡當中，應該還有「今天還沒有結束，接下來愉快的時間才要開始」等，想滿懷期待的需求才對。

　　像這樣一路推論下去，就能找到「享受平日下班後夜晚時光」

這個 CEP，而「購買起司蛋糕」的行為，或許就該定義為其中的一部分。換言之，就是要增加「『享受平日下班後夜晚時光』的行為」，而將這個行為與起司蛋糕連結起來，就是行銷操作的目標。

## （3）找出鼓勵與阻礙樂見行為發生的主因

那麼，從事「享受平日下班後夜晚時光」的行為之際，又有哪些鼓勵和阻礙的主要因素呢？只要知道這些因素為何，就能祭出增加行為所需的對策。就讓我們用接下來這些觀點，再重新瀏覽訪談內容：

- 為「享受平日下班後夜晚時光」做了什麼？
- 為「享受平日下班後夜晚時光」所選用的商品為何？
- 鼓勵受訪者「享受平日下班後夜晚時光」的主因為何？
- 阻礙受訪者「享受平日下班後夜晚時光」的主因為何？
- 阻礙受訪者在「享受平日下班後夜晚時光」之際選用起司蛋糕的主因為何？

首先，這位受訪者為「享受平日下班後夜晚時光」所做的，是「訂閱影音平台」；選用的商品則是「葡萄酒」。若訪問更多未顧客，固然會得到更多五花八門的答案，在此謹先聚焦探討這位當事人的狀況。至於鼓勵他「享受平日下班後夜晚時光」的，是「沒想到葡萄酒和高球調酒，搭配起司蛋糕其實很對味」這個體驗，它就

是增強物。

　　反之，阻礙這位受訪者的因素，則是「平日做不了什麼事，不如早點睡」這個成見。尤其阻礙他購買起司蛋糕的主因，是「不會想到下班回家時要買起司蛋糕」。我們推測，在這個因素當中，其實還包括了「在他購物的主要通路——便利商店沒有銷售，以及想不到回家路上哪裡有販售起司蛋糕」之類的物理性阻礙。

## （4）思考能增強鼓勵、減少阻礙的行銷操作

　　讓我們根據前面探討過的內容，想一想如何研擬行銷操作。這裡的行銷操作，目標在於增加「享受平日下班後夜晚時光的行為」，並將起司蛋糕和這項行為連結起來。建議你不妨用「更增強獎勵」和「減少壓抑」的操作手法，雙管齊下，把想法填寫在替代模型的格式裡。比方說，或許你會研擬出以下這樣的行銷操作（**圖表4-33**）。

---

**減少「阻礙樂見行為發生的主因」（壓抑）的行銷操作**

- 面對「平日做不了什麼事，不如早點睡」的問題，我們可以開設品牌的活動網站，介紹享受平日夜晚時光的方法（地點、店家、體驗故事）。找幾家餐廳或咖啡館來協辦，在這些協辦店家免費派發樣品，或設置臨時陳列，在「享受平日夜晚時光」的行為附近處，突顯起司蛋糕的顯著性
- 針對「不會想到買個起司蛋糕」的問題，可以「享受平日下班後

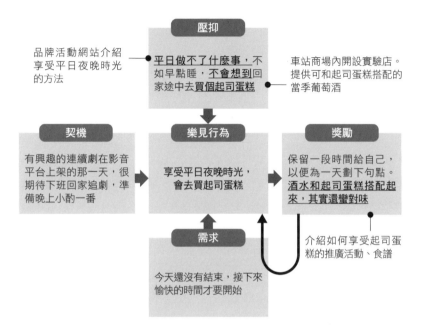

**行銷操作的目標：增加「享受平日下班後夜晚時光的行為」**

品牌活動網站介紹
享受平日夜晚時光
的方法

**壓抑**

平日做不了什麼事，不
如早點睡，**不會想到回
家途中去買個起司蛋糕**

車站商場內開設實驗店。
提供可和起司蛋糕搭配的
當季葡萄酒

**契機**

有興趣的連續劇在影音
平台上架的那一天，很
期待下班回家追劇，準
備晚上小酌一番

**樂見行為**

享受平日夜晚時光，
會去買起司蛋糕

**獎勵**

保留一段時間給自己，
以便為一天劃下句點。
**酒水和起司蛋糕搭配起
來，其實還蠻對味**

**需求**

今天還沒有結束，接下來
愉快的時間才要開始

介紹如何享受起司蛋
糕的推廣活動、食譜

圖表 4-33　可「增強鼓勵因素」、「減少壓抑因素」的行銷操作

的夜晚時光」為概念，在車站內試點，開設葡萄酒和起司蛋糕的
專賣店，以提升物理可得性。在車站大廳附近設幾個小型快閃
店，供應能一次喝完的小半瓶（三百七十五毫升）葡萄酒，以及
和起司蛋糕對味的當季配搭

### 增強「促進樂見行為發生的主因」（獎勵）的行銷操作

● 針對「酒水和起司蛋糕搭配起來，其實還蠻對味」這個意見，則
　要發展強化洋酒和起司蛋糕連結的啟蒙宣傳，提供起司蛋糕的挑

選建議、新吃法或食譜等資訊，比方半凍口感的冰糕，或濃郁至極的第五種起司蛋糕，可搭配葡萄酒、威士忌或白蘭地，以期達到交叉銷售的效果

## 「鍋高湯」盼能這樣爭取未顧客青睞

味滋康股份有限公司　田中保憲先生

　　味滋康（Mizkan）是火鍋湯底市場的龍頭，其中最暢銷的品牌，就是「連鍋底粥都好吃」（〆まで美味しい鍋つゆ）系列。

　　火鍋是讓顧客自由選擇喜愛的食材，加入鍋中品嘗的一種餐點。因此，不論鍋中加入哪一種食材、加了多少分量，甚至食材放涼之後，還有最重要的，就是最後的鍋底粥，火鍋湯底都必須讓整鍋菜餚均衡美味。

　　「連鍋底粥都好吃」系列，利用食材入口到吞嚥入喉的時間差，將滋味平均設計成三個階段──入口時的「前味」、咀嚼時的「中味」，以及吞嚥餘韻所散發的「後味」。正因為我們懷著這樣的一份講究，所以才會認為自家產品「吃到鍋底粥都好吃」。

　　而這個系列，感謝許多店家都幫我們陳列在店頭顯眼的地方，所以形成了「天氣好冷，想吃火鍋→於是在店頭隨手拿得到的地方買了湯底」這個「獲取未顧客」的簡單結構。但我們認為，「爭取回頭客」所需的迴圈，應該和前述的「吃到鍋底粥都好吃」的特色有關：

- 契機：天氣好冷，想吃火鍋。
- 行為：賣場擺出了好多味滋康的火鍋高湯，沒想太多就拿

了。仔細一看，才發現包裝上寫著「鍋底粥都好吃」。既然這麼推薦，那就試著煮一下鍋底粥。

- 獎勵：整個火鍋大餐就在鍋底粥（最後）帶來的滿足感中結束。
- 需求：還想再吃到那份鍋底粥。
- 下一次行為：認明那個「〆」的標記，嘗試各種湯底。

在日本市場上，湯底的需求往往集中在秋冬；但在台灣、泰國和越南等地，即使天氣炎熱，全年都還是會有熱燙食物的需求。因此，我們認為，這當中可能存在著「天氣越熱，越想吃熱呼呼的食物，吃得滿身大汗之後，就會神清氣爽」之類的「顧客的合理邏輯」，便覺得這個概念在日本理當可以行得通。於是我們也運用「**連鍋底粥都好吃系列　泡菜鍋高湯　開封即用型**」等商品，期能從「春夏火鍋需求」當中爭取新的未顧客青睞。

第 **5** 章

重新詮釋品牌：個案研究

在本章當中，我要運用前面學習過的內容，和各位讀者一起來探討各種商品、服務重新詮釋的案例。我準備了五個行銷課題，每個課題都會先請各位讀一篇描述未顧客背景故事的漫畫，*了解CEP的脈絡之後，再依以下四個步驟，重新詮釋品牌，以期爭取到未顧客的青睞。

[1] 打造替代模型
[2] 掌握後效
[3] 重新詮釋品牌利益
[4] 重新建構品牌

此外，在 5-6 節當中，我會說明在重新詮釋品牌過後，進行「替代模型驗證」時的重點。

---

\* 這些漫畫是為了在書籍上呈現，而特別根據未顧客的訪談內容所繪製的。實務上會直接分析訪談內容。

〔案例1　廚房清潔劑〕

# 擴大商品使用場景

首先，我們要來探討一個「擴大廚房清潔劑使用場景」的案例。這個品牌產品的特色，是「從流理台周邊到廚房牆面，一罐都能噴」。案例中出現的未顧客，是一位在家又要帶小孩、又要工作

的女性撰稿人；而漫畫設定的場景是在她家，時間則是早上。請各位把自己當成負責這一款廚房清潔劑的行銷人員，想一想「該怎麼重新詮釋品牌，才能把 CEP 和品牌連結在一起」。

## ［1］打造替代模型

在使用脈絡的核心當中，有一個行為是「早上稍微打掃一下廚房」。作為一個有心擴大使用機會的製造商，當然會想設法增加這個行為。

首先，讓我們先把整個故事改寫成替代模型。在這個案例當中，認清未顧客的需求，是一大關鍵。從「我很喜歡早上這段悠閒的時光，感覺就像是我和這個家，都重獲新生似的」這句話當中，可推知她恐怕「忙得根本沒餘力、沒時間照顧自己的心情」，平常工作、家事和帶小孩，已經讓她忙得團團轉。也就是說，我們可以推知，她其實有著「我很想要一些善待自己的從容」這個意在言外的需求（**圖表 5-1**）。

## ［2］掌握後效

接著，讓我們再來確認一下行為前後的相關後效（需求、行為、獎勵循環）。首先，主角有著「很想要一些善待自己的從容，喜歡早上這段悠閒的時光」的需求，因而連結到「早上稍微打掃一下廚房」的行為。而這個行為，又催生出了「廚房一天要去好幾

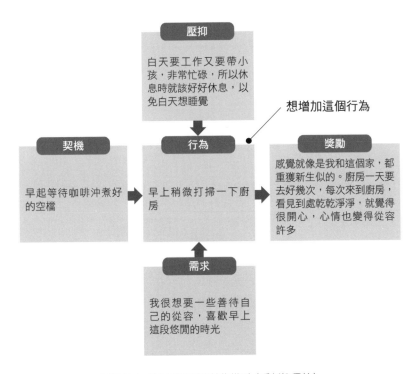

**廚房清潔劑的替代模型**

圖表 5-1　廚房清潔劑的替代模型（重新詮釋前）

次，每次來到廚房，看見到處乾乾淨淨，就覺得很開心，心情也變得從容許多」的獎勵。由此可知，這個獎勵滿足了主角的需求，發揮了增加樂見行為的「增強物」功能。換言之，如何將這份獎勵和品牌連結起來，進而強化整個循環，將是一大關鍵（**圖表 5-2**）。

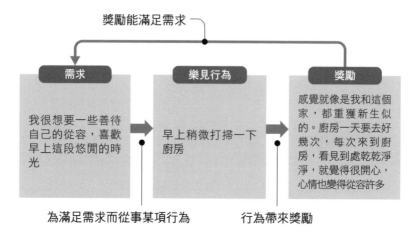

**【對策】：增強那些能鼓勵未顧客從事樂見行為的因素**

獎勵能滿足需求

| 需求 | 樂見行為 | 獎勵 |
|---|---|---|
| 我很想要一些善待自己的從容，喜歡早上這段悠閒的時光 | 早上稍微打掃一下廚房 | 感覺就像是我和這個家，都重獲新生似的。廚房一天要去好幾次，每次來到廚房，看見到處乾乾淨淨，就覺得很開心，心情也變得從容許多 |

為滿足需求而從事某項行為　　　　行為帶來獎勵

圖表 5-2　廚房清潔劑的後效

## [3] 重新詮釋品牌利益

再來，我要用品牌特色（「從流理台周邊到廚房牆面，一罐都能噴」）搭配獎勵，打造品牌利益。這裡我們要特別留意的，是獎勵當中的「感覺就像重獲新生似的」、「每次來到廚房，看見到處乾乾淨淨，就覺得很開心」等言論。「感覺就像重獲新生似的」這句話，讓人感受到停滯不前的事物重新啟動，或是對一日之始的起點充滿期待；至於「每次來到廚房，看見到處乾乾淨淨，就覺得很開心」這句話，則可看出這份獎勵所發揮的功能，是幫助她在工作、育兒之餘調整心情、維持動力，就像是她的休息區。

換言之，「早上把廚房清理乾淨」這個行為，或許已不只是一

**塑造出能滿足未顧客需求的品牌利益，重新詮釋「打掃廚房」的意義**

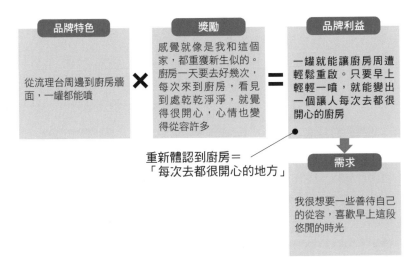

圖表 5-3　廚房清潔劑的品牌利益

項單純的家務，而是她啟動嶄新一天的重啟按鈕，也是她在工作、家務的忙碌夾縫之中，用來確認自己「還能活得像個人」的方法之一。

於是我從中選出「重啟」這個描述，試著把它包裝成「一罐就能讓廚房周遭輕鬆重啟。只要早上輕輕一噴，就能變出一個讓人每次去都很開心的廚房」的品牌利益，重新詮釋品牌（**圖表 5-3**）。

## ［4］重新建構品牌

像這樣擬訂出品牌利益之後，再將它設定為「獎勵」，就會呈

## 利用對立結構製造反差，提高敘事裡的獎勵感

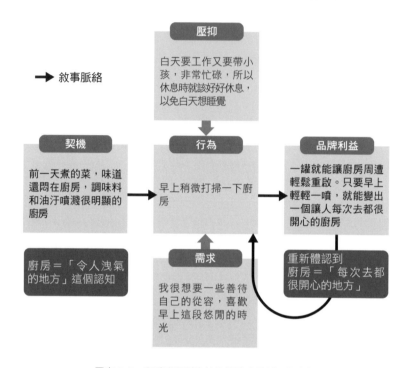

圖表 5-4　廚房清潔劑的替代模型（重新詮釋後）

現出如**圖表 5-4** 所示的替代模型。

這個替代模型，和我們在本章之初所呈現的替代模型（圖表 5-1），有兩大差異：第一是它以品牌為起點，在需求—行為—獎勵（品牌利益）之間，形成了一個鮮明的循環結構。

另一個差異，則是它連契機都重新詮釋。在圖表 5-1 當中，契機是「早起等待咖啡沖煮好的空檔」；但在圖表 5-4 當中，契機卻變成了「前一天煮的菜，味道還悶在廚房，調味料和油汙噴濺很明

顯的廚房」——它其實是把「每次來到廚房，看見到處乾乾淨淨，就覺得很開心，心情也變得從容許多」這個獎勵，用完全相反的狀態來描述。像這樣在敘事中安排對立結構，就能讓未顧客在行為中獲得更高的獎勵感。這是在發想廣告創意時常用的一種技巧，刻意呈現與獎勵相對的另一個極端狀態，自然就會產生下面這個負面的基準點：

廚房＝「令人洩氣的地方」

接著，當未顧客重新體認到下面這個狀態之際：

廚房＝「每次去都很開心的地方」

未顧客情緒的擺盪幅度就會變大，於是便可發展出一個更能讓人感受到強烈心理獎勵的敘事。

〔案例2　轉職網站〕
# 重新詮釋訊息，以提升 CVR

接著，我們要看的案例，是人力仲介公司經營的轉職網站。這
項服務的特色，是會為徵才企業與求職者的合適度評分。網站會以
這項評分為基礎，透過廣告信將符合求職者價值觀及工作方式需求

的企業清單發送給求職者。而故事的主角，則是一位三十多歲的上班族。

## ［1］打造替代模型

主角似乎是在午休時，突然興起了「為求更上一層樓而換工作，也是一個選項」的念頭。若以這個故事來改寫成替代模型，應該會如**圖表 5-5** 所示。這位主角查詢了很多家企業，但最後還是

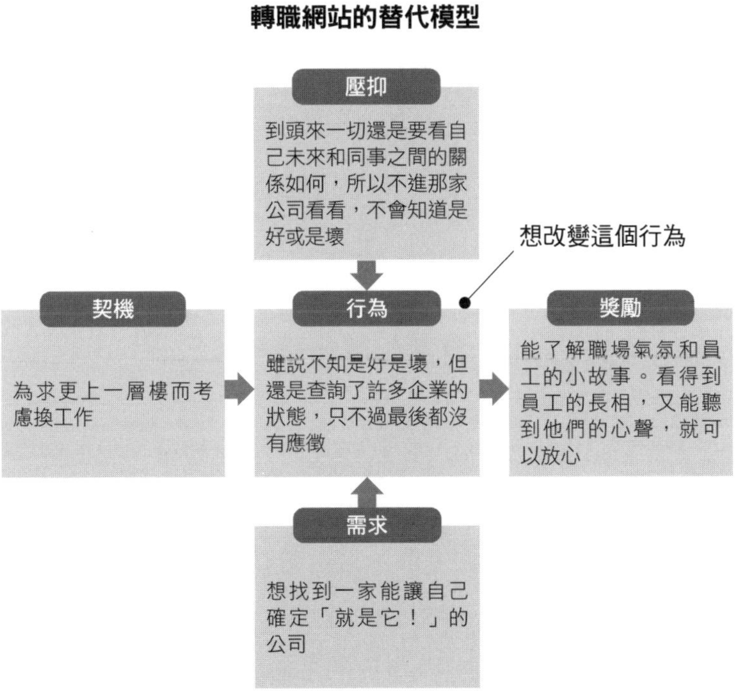

**轉職網站的替代模型**

| 壓抑 |
| --- |
| 到頭來一切還是要看自己未來和同事之間的關係如何，所以不進那家公司看看，不會知道是好或是壞 |

想改變這個行為

| 契機 | 行為 | 獎勵 |
| --- | --- | --- |
| 為求更上一層樓而考慮換工作 | 雖說不知是好是壞，但還是查詢了許多企業的狀態，只不過最後都沒有應徵 | 能了解職場氣氛和員工的小故事。看得到員工的長相，又能聽到他們的心聲，就可以放心 |

| 需求 |
| --- |
| 想找到一家能讓自己確定「就是它！」的公司 |

圖表 5-5　轉職網站的替代模型（重新詮釋前）

沒有應徵任何一個工作。對於提供媒合服務的人力仲介公司而言，「應徵」就是第一個「轉換」。因此，他們希望能做些什麼，以驅使這些未顧客採取行動。

## [2] 掌握後效

讓我們來確認一下行為的前後脈絡。為了確保跳槽不失敗，主角查詢了很多企業的資訊，包括職場氣氛介紹和現職員工訪談等，因此他認為「看得到員工的長相，又能聽到他們的心聲，就可以放心」。後來這個心態成了一種獎勵，促使他在網站上又逛了好一陣子，以便多看看各種不同企業的狀況，可惜最後並沒有應徵——因為他心中懷有「到頭來一切還是要看自己未來和同事之間的關係如何，所以不進那家公司看看，不會知道是好或是壞」的壓抑（**圖表5-6**）。

## [3] 重新詮釋品牌利益

負責經營這個網站的人力仲介公司，當然想減少這種壓抑，以提高應徵率。究竟該如何重新詮釋品牌利益，才能提出一個可減少壓抑的品牌利益呢？據了解，這個轉職網站會向徵才企業進行問卷調查，了解企業對工作型態的價值觀、工作生活平衡等相關內容，再搭配求職者的問卷，為雙方的合適度評分。網站會以這項評分為基礎，透過廣告信的方式，每週將符合求職者價值觀及工作方

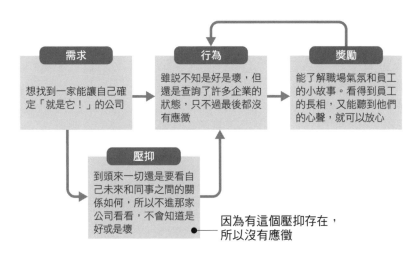

**【問題】：存有「阻礙樂見行為」的因素**

**需求**

想找到一家能讓自己確定「就是它！」的公司

**行為**

雖說不知是好是壞，但還是查詢了許多企業的狀態，只不過最後都沒有應徵

**獎勵**

能了解職場氣氛和員工的小故事。看得到員工的長相，又能聽到他們的心聲，就可以放心

**壓抑**

到頭來一切還是要看自己未來和同事之間的關係如何，所以不進那家公司看看，不會知道是好或是壞

因為有這個壓抑存在，所以沒有應徵

圖表 5-6　轉職網站的後效

式需求的企業清單發送給求職者——這一套機制有點複雜。究竟該如何表達，才能在求職者心目中成為一項有吸引力的服務呢？

其實我們只要聚焦在「未來同事的小故事」、「看得到員工的長相，又能聽到他們的心聲，就可以放心」、「一切還是要看自己未來和同事之間的關係如何」等部分，就可以發現求職者關心的，並不是企業或工作內容，而是「和公司裡的人能不能處得來」。這位未顧客在思考轉職之際，說不定懷抱著「看未來同事選職場」的合理邏輯，就連在搜尋資料時，也看得出是以人為主軸來搜尋。

因此，人力仲介業者該用的說詞，不是：

「找得到和你價值觀、工作方式需求相符的『企業』」

而是：

「找得到和你價值觀、工作方式需求相符的『主管、同事』」

才能更彰顯服務的獎勵感。

經過這一番分析之後，我們想到的品牌利益切入點，不是主打媒合與評分，而是要強調「能從符合個人價值觀的主管、團隊，找到適合自己的公司，所以在工作方式的調性方面，不會誤踩地雷」。此外，在操作上或許不該透過廣告信發送推薦企業清單，而是要優化使用者體驗，讓求職者更容易自行查詢到主管、同事的訪談等內容，或建立一套機制，讓求職者能實際與這些人見面，聽他們分享（**圖表 5-7**）。

## ［4］重新建構品牌

將重新詮釋過的品牌利益（能從符合個人價值觀的主管、團隊，找到適合自己的公司，所以在工作方式的調性方面，不會誤踩地雷）融入替代模型後，就會如**圖表 5-8** 所示。

在原本的替代模型（圖表 5-5）當中，求職者的認知是：

## 塑造出能消除壓抑的品牌利益，重新詮釋「換工作」的意義

| 品牌特色 | | 獎勵 | | 品牌利益 |
|---|---|---|---|---|
| 分析企業與求職者之間的合適度，並加以評分。接著再透過廣告信向求職者介紹價值觀、工作方式需求相符的企業 | × | 能了解職場氣氛和員工的小故事。看得到員工的長相，又能聽到他們的心聲，就可以放心 | = | 能從符合個人價值觀的主管、團隊，找到適合自己的公司，所以在工作方式的調性方面，不會誤踩地雷 |

提出重新詮釋「換工作」的方案，讓「換工作」＝「在進公司服務前先挑選得來的團隊、主管的賽局」，而不是「不進那家公司看看，無從得知適不適合的賽局」

壓抑

到頭來一切還是要看自己未來和同事之間的關係如何，所以不進那家公司看看，不會知道是好或是壞

圖表 5-7　轉職網站的品牌利益

---

換工作＝「不進那家公司看看，無從得知適不適合的賽局」

---

　　面對懷抱這種認知的未顧客，在我們提出「能從符合個人價值觀的主管、團隊，找到適合自己的公司，所以在工作方式的調性方面，不會誤踩地雷」的建議方案後，替代模型變成另一種結構，能讓未顧客從中發現：

---

換工作＝「在進公司服務前先挑選合得來的團隊、主管的賽局」

---

　　既然這位未顧客懷抱著「看未來同事選職場」的合理邏輯，那

**勾勒出定義的變化，讓未顧客明白「換工作」是另一個不同的賽局**

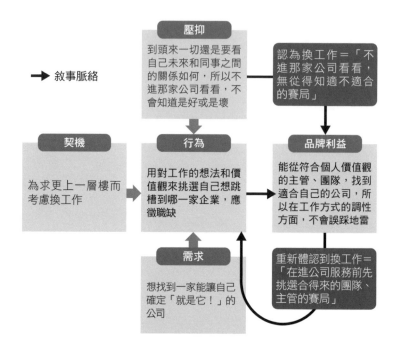

圖表 5-8　轉職網站的替代模型（重新詮釋後）

麼上述的發現，就可望滿足他「想找到一家能讓自己確定『就是它！』的公司」這個需求，進而驅使他應徵。

〔案例 3　大豆食品〕
# 創造新的行為習慣，以便為新產品定位

　　接下來，我們再來為一款新的大豆食品（soybean food）構思產品定位。這項商品的特色，是「減糖，還可攝取到膳食纖維和蛋白質」。而案例中出現的未顧客，是為了瘦身而開始健身的三十多

我今天也很認真喔！
今天該吃什麼好呢？

基本上是吃雞肉和沙拉，
但老是一成不變的內容，
很難有動力撐下去……

別××
○○一定要！
△△要做到最神的
△△就○K

雖然查了一些資料，
但對於重訓期間的飲食
看法似乎是因人而異

回家後

不知道飲食可以容許
到什麼程度……

用微波爐加熱
雞胸肉和青花菜

結果我還是老樣子

歲重訓哥。

## [1] 打造替代模型

在這個故事當中，並沒有明確提及獎勵的相關內容。而在行為觀察或訪談的實務上，其實顧客也很少談到自己的需求或獎勵，行銷人必須從故事裡所呈現的事實去推測。就這次的個案而言，對於重訓期間的飲食方面有較多煩惱和關注，可想而知，獎勵應該會是「即使在重訓，餐點和烹調方式仍能有多樣選擇」。

如此一來，我們就可以畫出如**圖表 5-9** 的替代模型。在整個脈絡的中央，有「總之就選擇青花菜和雞胸肉沙拉」這個行為。青花菜和雞胸肉沙拉，的確是瘦身或重訓時的理想餐點，但每天吃還是會膩。可是，對於重訓期間的飲食可以容許到什麼程度，則是處於「再怎麼查都是眾說紛紜，到最後只好將就著吃千篇一律的餐點」的狀態——對製造商而言，這裡應該有機會切入。

## [2] 掌握後效

在前面的案例當中，我們都看到「伴隨行為而生的獎勵，滿足了未顧客的需求，使得企業樂見的行為增加」這個後效。然而，在這次的案例當中，行為並不會帶來獎勵。因此，「總之就選擇青花菜和雞胸肉沙拉」這個不樂見的行為，就在「期盼能提升重訓期間的生活品質（quality of life, QOL），以便持續重訓」的需求一直

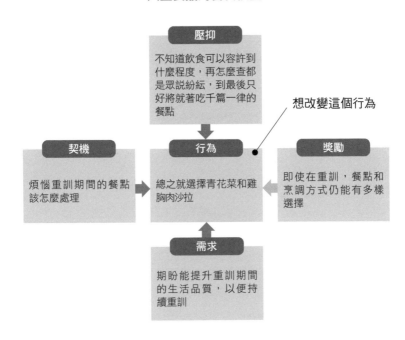

**大豆食品的替代模型**

| 壓抑 |
| 不知道飲食可以容許到什麼程度，再怎麼查都是眾說紛紜，到最後只好將就著吃千篇一律的餐點 |

想改變這個行為

| 契機 | 行為 | 獎勵 |
| 煩惱重訓期間的餐點該怎麼處理 | 總之就選擇青花菜和雞胸肉沙拉 | 即使在重訓，餐點和烹調方式仍能有多樣選擇 |

| 需求 |
| 期盼能提升重訓期間的生活品質，以便持續重訓 |

圖表 5-9　大豆食品的替代模型（重新詮釋前）

沒有獲得滿足的情況下，原地打轉。而這種原地打轉的原因，則是來自「再怎麼查都是眾說紛紜，到最後只好將就著吃千篇一律的餐點」的壓抑（**圖表 5-10**）。我們能否向未顧客提供一些消除壓抑的建議方案呢？

## [3] 重新詮釋品牌利益

這裡的商品特色，是「減糖，還可攝取到膳食纖維和蛋白質」。

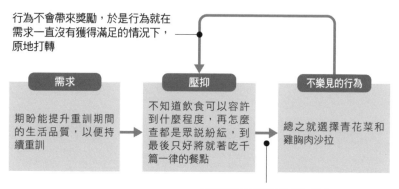

**【問題】：行為不會帶來獎勵**

行為不會帶來獎勵，於是行為就在
需求一直沒有獲得滿足的情況下，
原地打轉

| 需求 | 壓抑 | 不樂見的行為 |

期盼能提升重訓期間的生活品質，以便持續重訓

不知道飲食可以容許到什麼程度，再怎麼查都是眾說紛紜，到最後只好將就著吃千篇一律的餐點

總之就選擇青花菜和雞胸肉沙拉

壓抑促使不樂見的行為發生

圖表 5-10　大豆食品的後效

這個個案重新詮釋時的重點，在於「主食感」。主食本身吃起來當然很令人開心，只要再變化一下搭配的食材或菜餚，就能讓餐點選項更豐富——換言之，它能扮演「樞紐」的角色，拓展用餐的自由度。用這個觀點，搭配「即使在重訓，餐點和烹調方式仍能有多樣選擇」這項獎勵來思考，我們腦中自然就會浮現出這樣的品牌利益：「糖要減，但餐點選項不減。不必忍著不吃主食，所以減重、健身都能長期持續下去」。而它也成了消除「必須將就每天吃千篇一律餐點」這份壓抑的建議方案（**圖表 5-11**）。

## [4]重新建構品牌

經過重新詮釋，讓品牌在現有脈絡下成為新的獎勵之後，我們

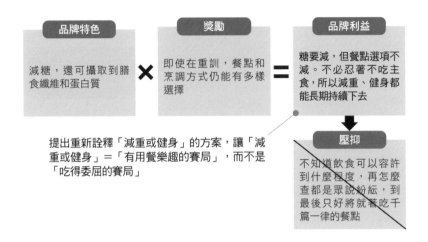

**在現有脈絡下提出新的獎勵方案，重新詮釋「健身餐」的意義**

| 品牌特色 | | 獎勵 | | 品牌利益 |
|---|---|---|---|---|
| 減糖，還可攝取到膳食纖維和蛋白質 | × | 即使在重訓，餐點和烹調方式仍能有多樣選擇 | = | 糖要減，但餐點選項不減。不必忍著不吃主食，所以減重、健身都能長期持續下去 |

提出重新詮釋「減重或健身」的方案，讓「減重或健身」＝「有用餐樂趣的賽局」，而不是「吃得委屈的賽局」

**壓抑**

不知道飲食可以容許到什麼程度，再怎麼查都是眾說紛紜，到最後只好將就著吃千篇一律的餐點

圖表 5-11　大豆食品的品牌利益

就可以提出一些建議方案，讓未顧客從以下這樣的認知：

減重或健身＝「吃得委屈的賽局」

　轉換為：

減重或健身＝「有用餐樂趣的賽局」

　　把這個論述套用到替代模型，就會出現如**圖表 5-12** 這樣的「需求—行為—品牌利益」循環：未顧客為了先滿足「期盼能提升重訓期間的生活品質，以便持續重訓」的需求，便做出「選擇在

## 提出新的獎勵建議，創造「需求—行為—品牌利益」的循環

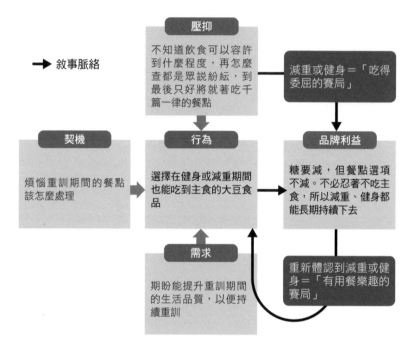

圖表 5-12　大豆食品的替代模型（重新詮釋後）

健身或減重期間也能吃到主食的大豆食品」這個行為；透過這個行為，未顧客可獲得「糖要減，但餐點選項不減。不必忍著不吃主食，所以減重、健身都能長期持續下去」的獎勵；而這個獎勵又能滿足原本的需求，所以需求—行為—報酬便得以串聯起來。於是這個循環，就會在健身的脈絡下成為新的 CEP。

〔案例4　智慧家電〕

# 提出新的建議方案，改變不樂見的行為習慣

　　接下來，我們要來探討的是如何推廣「透過應用程式調整燈光或音樂」，也就是智慧家電的普及案例。案例中出現的未顧客，是一位在資訊業任職的二十多歲上班族。

## [1] 打造替代模型

注意整個案例的前後關係，再將它化為替代模型之後，就會如**圖表 5-13** 所示。脈絡的核心是「睡前躺在床上用智慧型手機看社群網站或網路討論區」這個行為。各位或許會覺得這位主角是苦於不易入睡，可是睡前過度使用手機，其實會妨礙睡眠。我們能不能運用智慧家電的特色，提出改變前述這個行為的建議方案呢？

## [2] 掌握後效

就這位主角而言，「躺在沙發上懶洋洋地看看電視，就可以舒服地睡著」的成功經驗，成了他對於「進入夢鄉」的合理邏輯。可是，要是隔天還有工作，就不能慢條斯理地在沙發上等著睡著了。因此，想必他是為了以類似的方式，呈現容易入睡的狀態，所以才會選擇「躺在被窩裡滑手機蘊釀睡意」這個行為。

像這種無法透過原有方法滿足需求，便試圖以替代方案來滿足需求的行為，在心理學上我們稱之為「**替代行為**」（alternative behavior）。「躺在被窩裡滑手機醞釀睡意」，成了「躺在沙發上看電視看到睡著」的替代方案。

這個案例當中有兩種壓抑，一是對於「滑手機醞釀睡意」這件事，懷抱著「睡前不該滑手機」的壓抑意識；再者則是對於「把房間燈光轉暗醞釀睡意」這件事，懷抱著「一片闃黑實在睡不著」的壓抑意識。由於這兩種壓抑意識的存在，使得這位主角陷入了「明

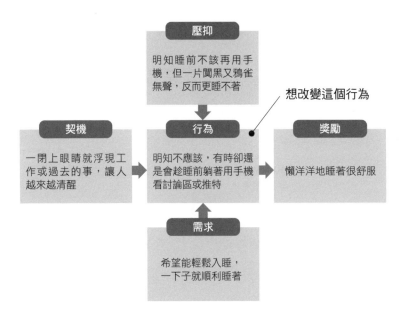

**智慧家電的替代模型**

| 壓抑 |
明知睡前不該再用手機，但一片闃黑又鴉雀無聲，反而更睡不著

想改變這個行為

| 契機 |
一閉上眼睛就浮現工作或過去的事，讓人越來越清醒

| 行為 |
明知不應該，有時卻還是會趁睡前躺著用手機看討論區或推特

| 獎勵 |
懶洋洋地睡著很舒服

| 需求 |
希望能輕鬆入睡，一下子就順利睡著

圖表 5-13　智慧家電的替代模型（重新詮釋前）

知睡前不該再用手機，但一片闃黑又鴉雀無聲，反而更睡不著」的雙重束縛（double bind）＊狀態（**圖表 5-14**）。

## ［3］重新詮釋品牌利益

我們該提出什麼樣的建議方案，才能讓處於這種狀態下的人，把智慧家電視為一種價值呢？如果把事情想得單純一點，就會特

---

＊　兩個互相矛盾的規則並存的狀態。

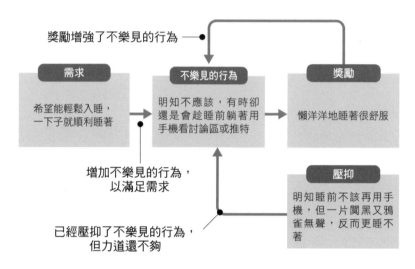

## 【問題】：不樂見的行為具有後效

獎勵增強了不樂見的行為 ——

**需求**

希望能輕鬆入睡，一下子就順利睡著

**不樂見的行為**

明知不應該，有時卻還是會趁睡前躺著用手機看討論區或推特

**獎勵**

懶洋洋地睡著很舒服

增加不樂見的行為，以滿足需求

已經壓抑了不樂見的行為，但力道還不夠

**壓抑**

明知睡前不該再用手機，但一片闃黑又鴉雀無聲，反而更睡不著

圖表 5-14　智慧家電的後效

別聚焦在燈光、音樂的自動調節功能，擬訂出「高品質的睡眠至關重要，讓我們更加講究睡眠品質」這個訊息。就功能面而言，我認為這是一個相當正確的提案，但恐怕不太能打動這位主角——因為這個人關注的焦點，應該是就寢時能否順利睡著，而不是入睡後的睡眠深淺或品質優劣。主打「用智慧家電，重現讓你進入夢鄉的環境」，去貼近這位未顧客的想法，才能符合他的合理邏輯。所以要用「有適度的燈光和音樂，才比較容易入睡，對吧」的態度，對這位主角的合理邏輯表示同感，替他說出雙重束縛所造成的壓抑（**圖表 5-15**）。

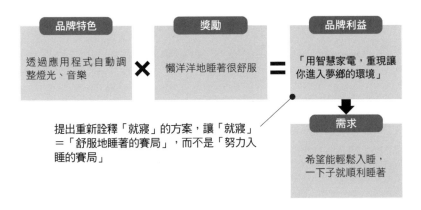

提出「認同顧客合理邏輯」的方案，重新詮釋「就寢」的意義

圖表 5-15　智慧家電的品牌利益

# [4] 重新建構品牌

重新詮釋後的替代模型如**圖表 5-16** 所示。「用智慧家電，重現讓你進入夢鄉的環境」這個品牌利益，解除了這位未顧客的雙重束縛，並提供了滿足他需求的替代方案。

於是讓未顧客重新體認：

「就寢」＝「舒服地睡著的賽局」

而不是：

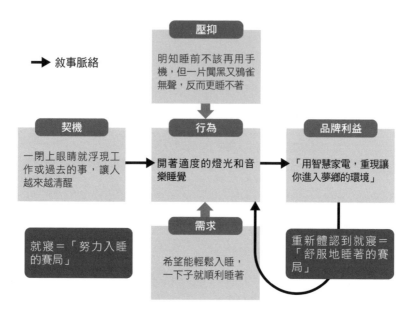

改變「不樂見行為習慣」的敘事

圖表 5-16　智慧家電的替代模型（重新詮釋後）

「就寢」＝「努力入睡的賽局」

　　如此便成了這個案例的目標。而它的敘事，就是要驅使「開著燈光和音樂睡覺」這個「在運用智慧家電特色的同時，又能符合顧客合理邏輯」的行為發生。

〔案例 5　高階吸塵器〕
# 顧及購買者與使用者
# 合理邏輯差異的溝通方案擬訂

　　在最後一個案例當中，我們要來探討最新型吸塵器的廣告溝通方案。品牌特色是「機身輕巧的無線設計，運用方便靈活，充電後可長時間使用，需要時馬上就能開機使用」。至於案例中的未顧

公司發了獎金，所以回家前先去買個東西 **1**

對了！
把幾項家電用品汰舊換新一下吧！

最新機型 **2**

給我這一台

NEW

電視廣告熱播中！

平常家事都丟給老婆處理，偶爾也要幫點忙才行啊！

回家後… **3**

現在這一台吸塵器就已經很夠用了啊！

為什麼你要買之前不先和我商量啊？

是嫌家裡髒，想叫我認真打掃是嗎？

我是為了要答謝你平常辛勞才買的欸！

你兇什麼兇啊！

反正還不就是要我打掃。
為什麼他都不會想到要一起打掃，或是主動分擔一點呢？ **4**

真是的…

客，則是一對三十多歲、各有工作的夫妻。

## [1] 打造替代模型

前面的各個替代模型，都是「行為帶來好的結果，使得行為增加」。不過，這次的案例是「行為帶來壞的結果（夫妻吵架），導致行為減少」。在第四章當中，我們已經學過行為的後效有兩種——會使原有行為增加的「增強」，以及會使行為減少的「懲罰」。而這次的案例，就該歸類在「懲罰」。附帶一提，在「增強」的狀態下，我們會將行為結果稱為「獎勵」；而在「懲罰」的情況下，則會將行為結果稱為「**處罰**」。此外，在**圖表 5-17** 的替代模型當中，契機、行為、壓抑都是出自先生的觀點，處罰則是出自太太的觀點，請各位留意。

## [2] 掌握後效

接著，就讓我們來找一找這個案例的問題點。就先生的觀點而言，本來是出於一片好意，才買了最新機型的吸塵器，沒想到竟因此和太太吵了起來——光聽到這些內容，恐怕會讓人覺得不明究理。但只要從太太的觀點出發，就能看到一個截然不同的故事。目前太太對吸塵器並沒有什麼不滿，覺得它可以把環境打掃得很乾淨。這時竟因為先生的一時興起，而跑出了一台沒人要求要買的吸塵器，說「它還可以這樣用」、「也可以打掃這種地方」等等。這些

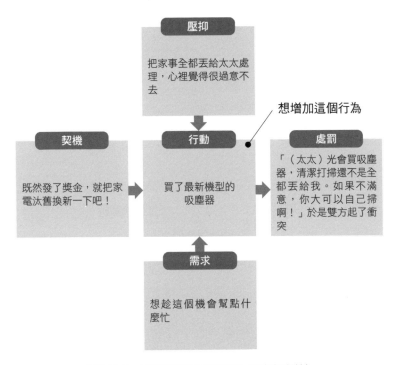

**高階吸塵器的替代模型**

壓抑

把家事全都丟給太太處理，心裡覺得很過意不去

想增加這個行為

契機

既然發了獎金，就把家電汰舊換新一下吧！

行動

買了最新機型的吸塵器

處罰

「（太太）光會買吸塵器，清潔打掃還不是全都丟給我。如果不滿意，你大可以自己掃啊！」於是雙方起了衝突

需求

想趁這個機會幫點什麼忙

圖表 5-17　高階吸塵器的替代模型（重新詮釋前）

話聽在太太耳裡，簡直就像是在說：「現在這樣打掃還不夠，給我弄得再乾淨一點！」似的（**圖表 5-18**）。

## [3] 重新詮釋品牌利益

這場衝突的起因，是由於夫妻雙方對於家事的合理邏輯不同所致。先生的需求，是想幫太太的忙，所以必須用太太的合理邏輯，

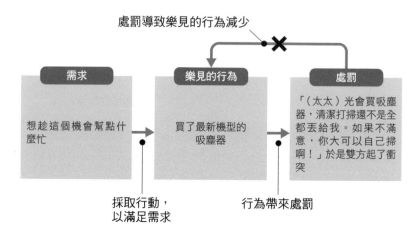

**【問題】：處罰導致樂見的行為減少**

處罰導致樂見的行為減少

| 需求 | 樂見的行為 | 處罰 |
|---|---|---|
| 想趁這個機會幫點什麼忙 | 買了最新機型的吸塵器 | 「（太太）光會買吸塵器，清潔打掃還不是全都丟給我。如果不滿意，你大可以自己掃啊！」於是雙方起了衝突 |

採取行動，
以滿足需求

行為帶來處罰

圖表 5-18　高階吸塵器的後效

找出能成為獎勵的事項，而不是先生的合理邏輯。考量到這是個雙薪家庭，以及太太不滿先生都不動手打掃，想必「孩子和先生也都要養成分擔家務的習慣，別只把家事丟給太太」，這應該會是符合太太合理邏輯的獎勵。再搭配「機身輕巧的無線設計，運用方便靈活，充電後可長時間使用，需要時馬上就能開機使用」的品牌特色，就可擬訂出「發現髒亂時，由發現的人順手打掃，是全家人的打掃習慣」這個品牌利益（**圖表 5-19**）。

## [4] 重新建構品牌

反映出購買者（先生）與使用者（太太）的合理邏輯存有差異

## 將處罰重新詮釋成獎勵後，再打造品牌利益

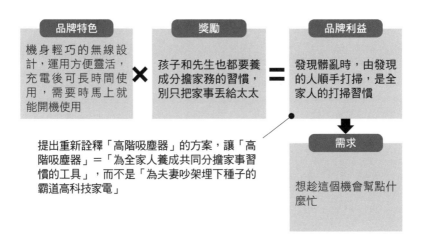

圖表 5-19　高階吸塵器的品牌利益

的替代模型，就如**圖表 5-20** 所示。

「發現髒亂時，由發現的人順手打掃，是全家人的打掃習慣」這個訊息，能給那個想為家人盡一份心力的先生，帶來「原來買一些自己做家事會用到的工具，並主動分擔家務，會比購買昂貴的最新款家電產品，更能討太太歡心呀」的覺察。其次，太太也比較容易認為先生「既然是看到這個訊息才買，那應該多少有心想動手做家事吧」。

透過這樣的行銷溝通，讓未顧客重新體認：

「高階吸塵器」＝「為全家人養成共同分擔家事習慣的工具」

## 顧及購買者與使用者合理邏輯差異的溝通

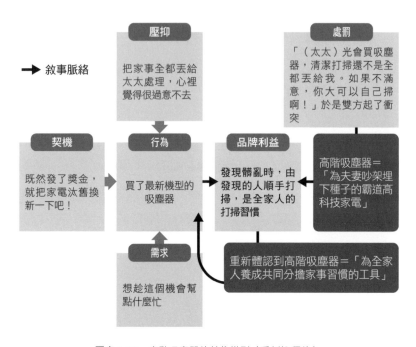

圖表 5-20　高階吸塵器的替代模型（重新詮釋後）

而不是：

「高階吸塵器」＝「為夫妻吵架埋下種子的霸道高科技家電」

如此便成了這個案例的目標。家電的行銷溝通，難免容易流於訴求功能或差異化。然而，去了解購買者、使用者的脈絡與合理邏輯，就能從獨到的聯想角度切入，為品牌建立優勢。

# 替代模型的驗證與概念測試

在第五章最後，我要說明的，是在重新詮釋商品或服務後進行的概念測試。

在觀察、訪談多位未顧客之後，我們就會得到多種不同的敘事。「總之就採取產品導向路線，先推出商品再說」這固然也是一種方法，不過有預算的話，建議各位還是做個量化的問卷調查，測試一下我們擬訂的敘事，在吸引力方面的表現如何吧！

在專案實務上，有時會進行統計上的因果推論，以驗證新詮釋的有效性；或透過行銷組合模式分析，更明確地訂定出行銷方案的細節。但由於這些內容都已超出本書所討論的範圍，因此我要運用一種以問卷調查為基礎的概念測試，來說明衡量吸引力時的重點。

基本上內容與一般的概念測試大同小異，不過在問卷的提問方式與問題設計上，都要特別針對未顧客做一些調整。

## 宜採固定總和尺度型問卷

實施問卷調查的關鍵，在於提問應盡可能以最接近實際購買

時的情況來設計，如此一來，不僅受訪者容易作答，數據的準確度也會隨之提升。除了尋求多樣化行為（variety seeking）和長期訂購等特殊情況之外，未顧客的消費行為，應該會趨近於多項分配（multinomial distribution）的狀態——也就是說，未顧客的腦中有好幾個品牌選項，不論前一次購買了哪個品牌（零階相關），每次選購時，都是從這些選項中隨機挑選。為了盡可能趨近這樣的狀態，我們會如以下所示，分階段進行提問。

[**第 1 階段**] 請受訪者從品牌清單當中挑選出「喚起集合中包括哪些品牌」

[**第 2 階段**] 針對在喚起集合中的品牌，以固定總和（constant sum）的方式，詢問：「購買十次的話，購買的各品牌各會購買幾次？」或「如果用總分為 100 分，分配給各個品牌來看的話，這些品牌會各得幾分？」

只要用線上問卷，就能輕鬆做好這些設定。若委託市調公司辦理，還能設定多階段的隨機排列，如此更能趨近未顧客的實際消費狀況。

此時，建議各位勿使用以下這樣的尺度：

● 完全不想買（0）。

● 不太想買（1）。

● 都不是、不確定（2）。

- 如果一定要選的話，我覺得我想買（3）。
- 我覺得非常想買（4）。

心理量尺和身高、體重等物理量尺不同，沒有絕對零點。在設計問卷時，我們只是貪圖方便，才為「完全不想買」標示了「0」這個符號，它並沒有數字「0」的功能。既然 0 不代表絕對零點，那麼每個選項所代表的心理尺度，就會由受訪者憑主觀感受來判斷。所以，我們無法正確地計算出這些尺度的差距、比例。

再者，在這種評價尺度形式的問卷當中，有時會有人把「都不是、不確定」這個選項放在中間。調查未顧客時，這樣做可能會干擾調查結果──因為有些人選「都不是」，是把它當作中庸的評價；而有人會把它當作「我不在意」，也就是接近「我不想買」的意思。基於這樣的因素，以未顧客為對象所做的問卷調查，宜採用〔第 2 階段〕那樣的固定總和形式，而不是評價尺度形式的量表。

附帶一提，以固定總和形式取得的數據資料，在建立預測模型時也會有許多方便之處。如果可行，最好還是盡可能以固定總和形式蒐集資料吧！至於評價尺度形式的問卷，儘管在資料蒐集上比較輕鬆，但在參數估計上要做的假設很嚴謹，必須使用較複雜的模型，才能產出同樣的結果，可說是先甘後苦。

## 用於概念測試的項目

關於問卷上所使用的選項，我還有一個建議。在第四章當中，

我曾談過問卷的回答信度——也就是受訪者受到「選擇視盲」等因素的影響,而在做出選擇後才找理由的問題。問卷調查由於本身特性的關係,無法完全排除這樣的影響,但只要找出未顧客願意使用商品的「脈絡事實」,就能將影響控制在一定程度之內。比方像是以下這樣的事實:

- 主動投入用心巧思。
- 運用替代品或替代方案。
- 在網路上蒐集資訊。
- 找親朋好友或家人商量。
- 願付價格(willingness to pay, WTP;可以為品牌商品付多少錢)。

會出現主動投入用心巧思、替代行為和蒐集資訊等行為,代表未顧客還有想解決的任務或想達成的目標。換言之,未顧客有機會為了達成這些任務或目標,而購買我們的品牌商品。因此,它們有時會被拿來當作購買行為的領先指標(leading indicator)。而願付價格(WTP)則是一種意願表達,用來表示「最多可為這項商品或服務支付多少錢」的金額數字。至於在實務運用方面,建議先詢問以下各項資訊:

- 在各 CPE 當中想到的品牌?
- 上次是什麼時候購買?買了哪個品牌?

- 目前使用的品牌？
- 下次想買的品牌？

　　最後要提醒你：為避免發生第四章說明過的「羅瑟・李茲謬誤」，請務必先擬訂出實驗計畫，再進行測試——也就是說，要將樣本隨機分配到實驗組和對照組，向實驗組出示敘事內容，對照組則不出示，以比較兩者在願付價格、下次購買意願和品牌回想上的差異。

## 持續陪伴新顧客

### 保麗股份有限公司　中村俊之先生

　　保麗股份有限公司（Pola）是以美妝保養品為主力，在日本和世界各地發展「美麗與健康」方面的事業。目前保麗在日本全國各地約有三千兩百家門市及百貨專櫃（2021年12月底統計資料），與顧客直接面對面接觸，銷售商品。

　　自2020年新冠病毒的疫情爆發大流行之後，在美妝保養市場的銷售通路當中，線上通路的存在感更顯得不容小覷。「門市」這個線下的消費場所，在線上線下無界線的消費體驗裡，該如何追求進化？企業又該如何打造理想的顧客體驗，讓新顧客願意惠顧？——我們就以這樣的觀點出發，進行市場調查。在調查當中，我們特別深入探究了消費者的幾項實際經驗，包括「第一次走進門市的契機是什麼」、「門市裡的哪一項體驗，成為決定選購商品的關鍵」。經過這項調查之後，我們就能通盤思考新顧客從認識保麗，到真正成為保麗顧客、愛用保麗商品的過程；對於我們再度檢視公司事業，重新詮釋品牌，也都很有幫助。

　　如今已來到2022年5月，這些市場調查都已進行完畢，我們目前正以中長期的觀點，推動新的行銷策略。當今社會，民眾的生活與工作方式都在快速轉變，生活者對「接觸資訊」

的想法，也不斷地大幅變動。在這樣的浪潮下，什麼樣的顧客體驗，才能讓顧客願意長期信任我們，並選用我們的品牌？今後，我們會持續找尋這個問題的答案，也會創造更多與顧客接觸的機會，提供更舒適的服務，以期能陪伴每一位顧客，進而深化與顧客之間的關係。

# 書末附錄

## 「理解未顧客」的數學面向

# NBD 狄氏分配模型

在書末附錄當中，除了要加深各位對於「理解未顧客」背後的理論基礎──「雙重危機定律」的了解，還要說明以非顧客和輕度使用者為對象的行銷操作，存在著哪些數學方面的理論基礎。

據說最早提出「雙重危機」這個概念的，是社會學家威廉‧麥克菲（William McPhee）。他發現就漫畫或廣播節目而言，知名度低的作品不僅讀者或聽眾少，人氣也偏低，並指出只要品牌越大，往往越容易獨占那些缺乏品牌知識的輕度使用者（McPhee, 1963）。愛倫堡教授在一項重複購買的研究當中，將「市占率偏低的品牌，購買該品牌商品的顧客人數較少，品牌忠誠度也偏低」的趨勢化為一則公式（Ehrenberg, 2000），目前已成為一項定律，在全球各國、多種商品上都已得到印證。

而在「雙重危機」方面，由於許多文獻上都將「NBD 狄氏分配模型」與「$w(1-b)$ 模型」並列呈現，故本附錄也如法炮製，先說明 NBD 狄氏分配模型，再解釋 $w(1-b)$ 模型。

NBD 狄氏分配（Dirichlet distribution）是由以下的「公式（1）」和「公式（2）」所構成，採取多個機率分配相乘的形式，符號系統

則是模仿了森岡和今西（2016）的做法。

$$\int Poisson\ (R\mid\mu T)\ Gamma\left(\mu\mid K,\frac{M}{K}\right)d\mu \quad —（1）$$

$$\int Multinomial\ (r\mid p,R)\ Dirichlet\ (p\mid\alpha)\ dp \quad —（2）$$

各種分配與混合分配的推導，在森岡和今西（2016）的論文當中有很精闢的解說，所以本書主要會針對公式的概要進行說明。當初開發出這一套模型的古德哈特等人表示，NBD 狄氏分配是用一個數學公式，將「購買頻率」和「品牌選擇」這兩個購買行為的不同面向連結起來，以便進行各種預測（Goodhardt et al., 1984）——接下來，我想和各位一起來探討這是怎麼一回事。

首先，公式（1）呈現的是該品類商品的購買次數。長期來看，個別顧客在某一單位期間（如一星期等）內，購買某一品類商品的平均次數（$\mu$），其實大致固定。比方說一年平均購買十次罐裝咖啡的人，換算成週平均就是 0.192 ≒ 0.2 次。而一位顧客在 $T$ 期間（單位期間合計）內購買該品類商品的次數（$R$），則會符合具有參數「$\mu T$」的卜瓦松分配（Poisson distribution）。不過，應該也有人一年買罐裝咖啡的次數上看百次。每個人在某一品類的長期消費量會像這樣各自不同，因此就全體顧客來看，「$\mu$」會是分散的，而它的分散狀況，則會符合具有參數「$K,\frac{M}{K}$」的伽瑪分配（Gamma distribution）。$M$ 是單位期間內購買該品類商品的平均次數，$K$ 是控制分配形狀的參數。在這樣的假設之下，將「$\mu$」用積分求出全體

顧客的購買次數機率，即可知其分配會符合負二項分配。

公式（2）呈現的是品牌選擇。「顧客選擇某一個品牌的機率」（$p$）看似隨機，但以長期來看，其實大致都是固定的。比方說我買罐裝咖啡時，若以年為單位來看，選購三得利旗下「Boss」品牌的機率是 60%，選購可口可樂旗下「喬亞」品牌的機率則是 30%，而買 UCC 旗下「Black 無糖」的機率則是 10%。顧客在指定期間內購買某一品類商品的次數（$R$）當中，購買特定品牌的次數（$r$）多寡，取決於具有參數「$p, R$」的多項分配。此時，「$R$」雖由公式（1）所定義，但各位讀者挑選各種罐裝咖啡品牌的機率，想必一定和我不同。人的喜好各有不同，所以就全體顧客來看，「$p$」會是分散的。而它的分散狀況，則會符合具有參數「$\alpha$」的狄式分配。

說穿了，所謂的 NBD 狄式分配，就是用負二項分配推估所有顧客在指定期間內購買特定品類商品的次數分配狀況，再依據已考量顧客異質性的品牌選擇機率計算，以推估顧客在這段期間內購買各品牌商品的次數。由於它們是開放式數學公式，所以給人一種稍嫌複雜的印象。不過，只要算出參數，就能用統計數據計算出預測值，是很方便的公式。

# 雙重危機的推導

　　NBD 狄式分配有一個近似式，是 $w(1-b)$。這個模型的數學式形式簡單，參數也較少，故在本附錄當中，我要用這個近似式來講解雙重危機的特質。如今，雙重危機定律已在多種數據資料中獲得印證，但當初它其實是源於兩個探討購買行為獨立性的假設。以下引用愛倫堡等人（Ehrenberg et al., 1990, p.86）的內容：

1. 選購品牌 X 和選購品牌 Y，是獨立發生的事件（buying of different brands is independent across consumers）。

2. 不論是哪一個品牌的顧客，在整個商品品類的平均購買頻率都相同（brands do not differ in how often their customers on average buy the total product category）。

（日文內容由本書作者翻譯）

　　就讓我們以這兩個假設為基礎，先來看看 $w(1-b)$ 這個模型如

何推衍出來的。以下我會仿照愛倫堡（Ehrenberg, 2000）的做法，盡可能詳加說明推導過程，不縮減、省略。講解時只會用到簡單的代數，不會出現高等數學，請各位放心。

假設現在有某個產品品類 I，底下有 X、Y、Z 這三個品牌。我們先預設前面介紹的那兩個假設可以成立，再來思考於某段指定期間內，各品牌顧客平均購買 I 品類商品的頻率。設母群體（population）為 $N$，於某一指定期間內購買了品牌 X 商品的人數占比為 $b_x$，而品牌 X 的顧客人數是 $Nb_x$，平均購買頻率則是 $w_x$。此時，品牌 X 的顧客購買品牌 X 商品的總次數，就可以 $Nb_xw_x$ 表示。

接著，我們再從品牌 X 的顧客當中，找出曾購買 Y 品牌商品的人，並計算出他們在整個市場上的占比為 $b_{y|x}$，而這群人的平均購買頻率則為 $w_{y|x}$。此時，品牌 X 的顧客購買品牌 Y 商品的總次數，就會是 $Nb_{y|x}w_{y|x}$；同樣的，品牌 X 的顧客購買品牌 Z 商品的總次數，則是 $Nb_{z|x}w_{z|x}$。

於是在某段指定期間內，品牌 X 的顧客在市場 I 當中購買的商品總數為：

$$Nb_xw_x + Nb_{y|x}\,w_{y|x} + Nb_{z|x}w_{z|x} \quad —（3）$$

至於品牌 X 的顧客在品類 I 的平均購買頻率，則是公式（3）除以品牌 X 的顧客人數 $Nb_x$，可用以下公式表示：

$$N\,(b_xw_x + b_{y|x}\,w_{y|x} + b_{z|x}w_{z|x}) \,/\, Nb_x \quad —（4）$$

由假設 1 可知任何品牌商品之間的購買行為皆各自獨立，故可寫成：

$$b_{y|x} = b_y b_x \text{、} w_{y|x} = w_y \quad —（5）$$
$$b_{z|x} = b_z b_x \text{、} w_{z|x} = w_z \quad —（5）'$$

所以，品牌 X 的顧客在品類 I 的平均購買頻率，可將公式（5）和公式（5）' 代入公式（4），再消去分子和分母當中的 $N$、$b_x$ 後，改寫成：

$$w_x + b_y w_y + b_z w_z \quad —（6）$$

同樣的，品牌 Y 的顧客在品類 I 的平均購買頻率會是：

$$w_y + b_x w_x + b_z w_z \quad —（7）$$

由假設 2 可知，不論哪個品牌的顧客，在該商品品類的平均購買頻率都相同，故等式成立：

$$w_x + b_y w_y + b_z w_z = w_y + b_x w_x + b_z w_z \quad —（8）$$

消去公式（8）兩側都有的 $b_z w_z$，再移項整理之後，就會變成：

$$w_x + b_y w_y = w_y + b_x w_x$$

$$w_x - b_x w_x = w_y - b_y w_y$$

$$w_x (1 - b_x) = w_y (1 - b_y) \quad -(9)$$

不論套用在哪一個品牌，同樣的公式都能成立，故：

$$w_x (1 - b_x) = w_y (1 - b_y) \simeq \text{Constant} \quad -(10)$$

若將公式（10）化為簡式，就會變成：

$$w_i (1 - b_i) \simeq w_o (\text{Constant}) \quad -(11)$$

不過，各品牌的 $w_i (1 - b_i)$ 並非完全一致。目前已有研究指出，它的偏差大約落在 $\pm 10\%$ 的範圍內（Khan et al., 1988）。

# 雙重危機的特質與實務上的啟示

## 顧客忠誠度有上限

說到「雙重危機」,大家往往都會聚焦在「低市占率品牌商品的購買人數少,品牌忠誠度也低」的詮釋上,其實它還有其他重要的面向。而其中之一,就是「忠誠度有上限」這件事。

我們可求出公式(11)中 $w$ 的解,為:

$$w \simeq w_o / (1 - b) \quad —(12)$$

這個公式,是用 $w_o (1 - b)$ 來預測購買頻率「$w$」的算式。由於 $w_o$ 是常數,所以這個算式實質上是只用了普及率來預測購買頻率。這個模式的優點是,它只用到「普及率」這個變數,卻相當經得起考驗。

舉例來說,Graham 等人(2017)就用了超過五百個品牌,反覆操作多達三十二次的複製性研究(replication study),驗證了 $w$ $(1 - b)$ 模型可用於預測購買頻率,且準確度絲毫不比狄氏分配模型

遜色。此外，這篇論文的作者群也指出，即使如今線上購物進入全盛期，帶動消費者行為在諸多面向出現變化，雙重危機定律仍未動搖。而他們也在一份累積長達六年且依時間順序排列的數據資料當中，看到了雙重危機出現。上述這個研究，只不過是一個例子，還有很多研究人員，在不同國家、時代，觀察不同的商品，也的確都看到了雙重危機的出現（Sharp, 2010; Romaniuk & Sharp, 2022）。

就這樣，發展出「雙重危機」定律的那兩個原始假設，歷經各種數據資料和複製性研究的檢驗，驗證了它們的有效性。對行銷人而言，假設 2——「不論是哪一個品牌的顧客，在整個商品品類的平均購買頻率都相同」尤其重要。倘若這個假設正確，那麼不論是哪一個品牌的顧客，在指定期間內購買該品類商品的次數都會相等。換言之，顧客忠誠度並不會因為品牌的行銷操作而無限制的提升，上限會視品類等級而定。不論是小眾品牌，或是在商品上強調差異化，又或是優化目標客群設定，甚至是祭出精準命中「洞見」的訊息，都無法將 $w$ 推升到突破上限的水準。

## 「一任務─一利益」的極限

「忠誠度有極限」這項規則，反映的不見得都是負面的事實。這裡我們不妨試著從第四章說明過的「任務」觀點出發，仔細地想一想。在「為某一項任務提供一個利益」的「一任務──一利益」型商業模式當中，只要顧客的任務獲得解決，就不會再發生購買行為——這就是在「雙重危機」概念下，顧客忠誠度所曝露的極限。

人不會為已解決的任務花錢，但如果是其他尚未解決的任務，就會願意付費。比方說在遊樂園裡，遊客既然已經付了入園費，就不會再為了「搭乘遊樂設施」而花錢，但會為了「提早搭乘」而多付出一筆費用；洗髮精只要有一瓶就已足敷使用，但在買了洗髮精之後，我們還會為了買潤髮乳或護髮乳付費；儘管你我一天會喝的咖啡分量固定，但要買來送禮用的咖啡，則又是另當別論。

## 從「一任務—一利益」，
## 轉為「N 任務—N 利益」型的商業模式

這樣看下來，我們可循的一條路徑便浮上檯面：把顧客的「生活」視為一個目標單位，用多個利益——也就是多種服務來因應顧客生活脈絡裡的多項任務，亦即轉為「N 任務—N 利益」型的商業模式，而不是拘泥於「一任務——一利益」。儘管並不是每一家公司都能立刻做到，但只要是曾透過 CRM 或粉絲行銷來強化顧客忠誠度的企業，「轉型為『N 任務—N 利益』型的商業模式」都會是一個值得評估的選項。

「N 任務—N 利益」型商業模式的結構，是同時針對多個 CEP 設定品牌定位。比方說航空業界很早就有「哩程酬賓計畫」這種顧客關係管理（CRM）手法，但乘客一年的移動量，基本上不會有太大幅度的變動。如果人口減少、遠距工作的普及持續發展，那麼包括飛機在內，各種交通工具的總使用量恐難再有成長。因此，若以「N 任務—N 利益」的觀點來思考，那麼這個賽局，就是業者要

怎麼結合更多因移動所衍生的「其他任務」，以提高基本營收水準，而不是如何讓顧客更頻繁地使用「交通運輸服務」。

實際上，絕大多數的哩程酬賓計畫，其實都具備「樞紐」的功能，要引導顧客購買航空業者供應的多款產品或服務。所以它會發展成一個打造小型生活圈的賽局，用來解決因移動所衍生的各種任務，例如用餐（餐廳）、順利搭乘（電子票券）、在目的地工作（辦公渡假、衛星辦公室）、備妥下一個交通工具（預約租用汽車或機車）等。這個賽局之所以能成立，是因為有 CRM 推升的高忠誠度。換言之，我們其實可以這樣想：忠誠度方案也具有分配功能，可將升高的顧客忠誠度，轉移到同一家企業所提供的「通往其他品類的進入點」。

# 作為工具之用的雙重危機

$w(1-b)$ 模型作為一種行銷工具，運用方式五花八門，包括掌握市場結構、挖掘成長機會、設定標竿和模擬等。在第三章的專欄當中，我已介紹過檢驗顧客忠誠度強化措施是否效果遞減的方法，以及利基的評比方法。除此之外，其實還可以做像以下這樣的運用：

▶ 該投入預算提升購買頻率，還是該提升普及率？如果要提升購買頻率，目標上限該設在哪裡？

▶ 普及率該提升到多高？普及率還要提升多少，購買頻率才能成長到什麼水準？到頭來能爭取多少市占率？

▶ 此時，哪一種行銷組合的效果最佳？該加強經營哪一種銷售管道（如區域、門市、時間、電商等）？

▶ 目前哪一個客群的普及率還有待加強？要改善這個弱點，該加強與哪個生活脈絡（CEP）的連結？

我個人覺得最方便的，就是 $w(1-b)$ 模型可模擬普及率的變

化，預測它對營收或市占率的影響，甚至還能視情況，做以下這些運用——它們都是我首重快速、簡便，準確度相對較次要時，特別重用的利器。

## 【營收預測】

營收是顧客人數 × 購買頻率 × 價格，而 $w=w_o / (1-b)$，則是連結其中兩個元素的函數。只要 $b$ 一固定下來，$w$ 也會定於一尊，故能用來模擬品牌普及率變動時，顧客購買品牌商品的頻率會出現多少變化。換言之，我們可以大致預測「普及率只要再提升多少，購買頻率就能增加到什麼水準，到時候營收會成長到什麼地步」。把變化後的普及率設為 $b_T$，其購買頻率的預測值設為 $w_T$，營收的預測值就可用 $Nb_Tw_T$ × 平均單價來計算。反之，我們也可以目前的購買頻率作為先決條件，約略計算出普及率還要再推升多少，就可望達到營收目標；也可搭配行銷組合模型，研擬達到目標普及率所需的劇本。

## 【潛力分析】

我們還可將普及率當作指標，釐清未來事業在哪些區塊還有成長潛力。比方說如果我們拿到性別、年齡別、月別、區域別的普及率資料，那就不妨試著拿來和預設的主要競爭對手或品類普及率比較，找出我方公司普及率較低的市場區隔。如此一來，即可找出自

家營收在哪個年齡層、哪個期間或哪個地區還有成長潛力。舉例來說,如果整個品類的 M1* 普及率是 30%,而自家品牌的 M1 普及率卻只有 10%,就表示聚焦耕耘 M1 層,爭取新顧客,就可望能有效推升營收;再者,用 $w=w_o / (1-b)$ 和 $Nb_Tw_T$ 來模擬試算,就能約略預估只要哪個客群(或哪段期間、哪個地區)的普及率提升多少,營收便可望成長到什麼地步。不過,這是針對特定目標客群全力拉抬普及率的方法。企業原本該追求的目標,是「提高品牌在全人口當中的普及率」。局部性的營收拉抬方案,宜視為短期性的活化措施來操作。

## 【跨足新市場時的標竿】

在進行新事業開發或新創的盡職調查時,若能盡早取得目標市場的完整資訊,對投資方而言非常有利。只要運用 $w=w_o / (1-b)$ 和 $Nb_Tw_T$,企業就能在準備跨足新市場或海外市場之際,迅速地調查出市場結構和該視為標竿的競爭對手,進而設定「取得○○％的普及率,就可望爭取到 ××% 的市占率」等行銷目標。

---

\* 二十至三十四歲的年輕男性族群。

# 結語

「要站在顧客的立場著想」、「要重視顧客」這些話說起來簡單，但到頭來往往還是會流於企業自以為是的行銷。我認為其中的原因之一，在於「所謂的『理解顧客』，究竟是要理解什麼、如何理解、會產出什麼結果」這件事，並沒有一套固定的程序可循。所以，不管是最後找到的答案，或是找尋答案的過程，都會因為操作行銷的主事者而有所不同。況且行銷並不是花拳繡腿，而是在作生意。光是滿嘴說「要重視顧客」、「要考慮顧客的感受」等花言巧語，並不會讓營收和市占率因此而成長。所以，行銷人的首要之務，而是要了解「做什麼事，會帶來什麼結果」的規則。

我認為，廣義的行銷應該要有一雙翅膀——一方是以數學和統計學為基礎的部分，另一方則是奠基在人類學和心理學上的部分。上游的策略規劃，需具備量化的數學根據；下游的行銷方案研擬，則需要一些建立在質性顧客研究之上的洞見。換言之，我認為行銷人要懂得在理組思維和文組思維之間遊走，這份平衡至關重要。我個人投身行銷近二十年，一路都在理組思維與文組思維之間穿梭，因此總不免會想「魚與熊掌兼得」，本書就是在這種「文理融合」的考量之下寫成的。若要問我是否已將這兩者完美結合，我會說前路迢迢，尚有許多筆墨未竟之處。在此，我想為其中的部分遺珠留下些許紀錄，以作為本書的結尾。

# 理組心態和文組心態

首先，由於本書未能論及太多理組觀點，所以我想稍微介紹一下本書的「理組心態」。

先來看看何謂「理解顧客」。若用理組的心態來定義，我想它應該是「從看似隨機（as-if-random）的顧客思維或行為中找出規則的賽局」——也就是說，它的定義幾可說是與數學相同。若要從數學觀點出發，列舉出一些在理解顧客時須具備的能力，想必「1. 發現待解問題的能力」、「2. 列出可解算式的列式能力」、「3. 將問題解答融入商業活動的能力」這三項一定榜上有名，尤其是第 2 項的「列式能力」，堪稱是理組思維當中的經典。所謂的「列式」，正如字面上所示，就是把我們在數據資料上觀察到的事實，或是眼前現象發生的過程，用數學公式來描述。

各位知道「統計分析」和「統計建模」有何不同嗎？在行銷實務上所做的分析，大多是統計分析。所謂的統計分析，就是「把眼前的數據資料，套用到預設機率模型裡的賽局」。在統計分析當中不需要列式，因為我們會用的，是已經有人列出算式的模型，比方說用來檢定平均數差異的 t 檢定或迴歸分析等，都是把數據資料套用到常態分配上，再從中進行各種推定或比較。因此，套用後的「參數推定」準確與否，才是我們主要關心的重點。

相對的，「統計建模」這個賽局，則是要找出「符合數據資料的機率模型」，目的是為了要破解數據資料發生的機制，或釐清行為發生的過程。而這種統計建模，就需要列式了。眼前現象的發

生，是依據何種機率分配？數據資料是怎麼產生的？民眾如何認識品牌，進而對品牌感興趣？有別於平常的行為是怎麼發生的？用算式呈現這種數據資料或現象發生的機制（列式），再把數據套進去驗證，也就是所謂「量身打造」的操作。儘管有時會使用別人建立的模型，但為呈現數據生成的過程，我們有時會混合多個機率分配，若有需要，也會建立新的模型。

本書正文中稍微著墨過的 NBD 狄氏分配模型（Goodhardt et al., 1984），也為了描述購買行為的運作機制，而搭配使用了四種機率分配來呈現。我還記得，當年我是在學貝氏統計（Bayesian Statistics）時，偶然認識了這個模型，但對於能想到直接用算式來描述品類中的購買行為與品牌選擇，覺得就像是看到自然科學的算式似的。

言歸正傳。就因為統計建模是將購買行為發生的過程或機制化為模型後，再與數據資料比對，從經驗上去驗證，所以會比只用統計圖表或相關等指標檢視單點狀況，更能獲得深入的洞察。如今我們只要列式，馬上就能用 Python 等工具執行高效能的馬可大鏈蒙地卡羅法（Markov chain Monte Carlo, MCMC；是一種推估方法），使得「2. 列出可解算式的列式能力」的取得門檻降低許多。

至於「1. 發現待解問題的能力」和「3. 將問題解答融入商業活動的能力」，則無法透過數學或統計學的力量直接培養，尤其第 3 項應該是很多人的罩門吧？「用迴歸分析找出購買決策的驅動因素」、「用行銷組合分析找出最能發揮『最後一哩路』效果的媒體」，至此都是理組思維的任務，不過催生出在這之後的行銷操作，例如

「該傳達什麼訊息？如何傳達？」「商品該提供什麼樣的體驗？」等，就是文組思維的任務了。

換言之，我認為重點不在於一切都必須用算式來描述，而是要懂得根據算式所暗示的規律與法則，發揮文組的創意。比方說在第四章、第五章出現過「顧客的合理邏輯」和「替代模型」，就是從經常出現在強化學習當中的貝爾曼方程式（Bellman equation）獲得啟發，用文化人類學的角度切入，進而公式化的結果。不過，誠如你在本書正文所見，就算不了解它們在數學上的理論基礎，也能在平時的顧客觀察或訪談中使用這些概念。

「強化學習」這種演算法，在「如何對應到現實環境」、「如何與實務結合」等設定上，的確有它的困難之處。不過，在「理解未顧客」的領域當中，其實是把「需求與壓抑，會決定人的行為模式」、「符合個別脈絡的生活變化，會化為獎勵」等從行銷經驗上獲得的自然假設，套用在這些設定上，才得以打造出「替代模型」這個可通則化的觀察工具。文組的觀點，彌補了理組觀點的不足。

或許有人會批評：「我們生活的現實世界很複雜，和模擬情況可不一樣，所以根本不符合這些模式，大環境更是極度不確定。」我想表達的，並不是這件事，而是要強調「先試著放個假設進去，把現象單純化」、「先找出規則，哪怕只是一部分也好」、「先試著動手用其中的規則列出式子，即使不是個算式也無妨」等「意義建構」（sense making），在「爭取未顧客」這種 VUCA* 議題中的重要

---

* 編註：代表易變性（volatility）、不確定性（uncertainty）、複雜性（complexity）、模糊性（ambiguity）。

性。與其選擇「沒有數據就什麼都不做」，還不如「用不存在的數據試試看」；使出所有專業知識和工具，試著整理出一些步驟——願意試著跨出這樣的第一步，才是關鍵。

## 理解顧客是藝術，還是科學？

說穿了，其實我的主張，就是認為這種在理組和文組思維之間的穿梭，可望提升我們在顧客理解方面的廣度與有效性。「行銷究竟是藝術，還是科學？」其實就是類似的討論。在一般人的印象當中，這種討論到最後，大多是以「怎麼解讀都可以」、「怎麼定義都無妨」的結論收場，但我並不這麼認為。這只不過是行銷工作中有所謂的「確定項」和「誤差項」，其概念如下：

### 行銷工作＝確定項的任務＋誤差項的任務

行銷的效果，可分為「因已知變數而規則變動」的部分，以及「因未知變數而不規則變動」的部分。而在這當中，負責處理規則變動的，是科學的工作；負責處理不規則變動的，則是藝術的工作。或許我們也可以這樣說：確保「這樣做之後，就會變成那樣」的，是科學；不知道「這樣做之後，是否就會變成那樣」，但會放手一搏的，是藝術。

「藝術就是誤差」聽起來或許很負面，不過其實是因為它有時會正向助攻，有時會反向助攻，所以才說它是誤差——有時能掌握

科學釐清不了的購買行為本質，讓營收三級跳；有時則是稍嫌過度刻意的操作。我個人認為，站在了解規則的基礎上，再搭配卓越的藝術，是很理想的組合。此外，我對於毫無規則、根據的「100% 藝術」，則持保留態度——畢竟少了確定項的「y = e」，就只不過是賭博而已。

商場上沒有所謂的絕對。不論企業做什麼努力，能改變的就只有勝算而已。既然如此，就該用勝算較高的規則（市場或規律）來一較高下，該盡量交換（重新詮釋）牌卡，以便湊到一手勝率最高的好牌。尤其是在像「理解未顧客」這種還留有許多未知的領域，「能否祭出所有已知的規則，掌握運氣以外的所有因素，全力以赴」的態度，更顯得格外重要。

簡而言之，就是要懂得「站在巨人的肩膀上」。從這個角度來說，本書在撰寫過程中，其實就承蒙許多現職行銷工作者、資料科學家不吝指導、協助。首先是三井住友海上火災保險公司的木田浩理先生，他自本書企劃階段起，就接受我的請益，並針對資料科學、行銷、理解顧客的接觸點等議題，多次與我交換意見。在這些討論過程中得到的觀點和產生的互動，讓我成功地踏出了寫作的第一步。而 JR 東日本的澀谷直正先生，則是用資料科學家獨到的觀點，提供了相當寶貴的回饋意見，尤其是截稿前的那些討論，想必更推升了本書的價值。至於 Elyze 的野口龍司先生，則用了在認知機制領域堪稱是知識寶庫的 AI 研究觀點，告訴我「理解未顧客」與 AI 研究的共通點及發展性。

東急廣告代理的大倉新也先生、日本 New Balance 的鈴木健先

生、味滋康的田中保憲先生、保麗的中村俊之先生、花王的林裕也先生，則是協助我完成了本書的專欄（姓名依五十音排序）。期盼未來還能就理解顧客、理解未顧客該有的樣貌與今後的展望，和各位交換意見。再者，多虧客戶在平時的各項業務當中，賜予我許多挑戰機會，本書才得以問世。我要藉這個機會，由衷向各界客戶致上最深的謝意。

日經 BP 出版社的松山貴之先生，不僅給了我寫作本書的機會，還負責整個寫作計畫的操盤管理。我自認為是個很有個性的作者，感謝松山先生願意一路包容我的吹毛求疵。

Collexia 的村山幹朗董事長，以及資深的遠藤頌太、春本義彥、松橋潤哉等同仁，一路支持我這個容易走偏鋒的作者，有時還要扮演緩衝的角色。感謝你們在面對這個新的嘗試之際，願意陪我一起勇往直前。對於你們所提供的協助，我滿懷感謝與敬意。

最後，我個人透過撰寫本書，重新體認到「站在巨人的肩膀上」的重要性。期盼本書能成為一個契機，讓各位讀者「重新認識」以往已認為是理所當然的那些行銷概念，「重新站上」巨人的肩膀。衷心感謝各位願意閱讀到最後。

芹澤 連

# 參考文獻

Aaker, D. A. (1991). *Managing brand equity.* The Free Press.

Allenby, G., Fennell, G., Bemmaor, A., Bhargava, V., Christen, F., Dawley, J., Dickson, P., Edwards, Y., Garratt, M., Ginter, J., Sawyer, A., Staelin, R., & Yang, S. (2002). Market segmentation research: Beyond within and across group differences. *Marketing Letters, 13* (3), 233-243.

Baldinger, A. L., Blair, E., & Echambadi, R. (2002). Why brands grow. *Journal of Advertising Research, 42* (1), 7-14.

Binet, L., & Field, P. (2017). *Media in focus: Marketing effectiveness in the digital era.* Institute of Practitioners in Advertising.

Binet, L., & Carter, S. (2018). *How not to plan: 66 ways to screw it up.* Matador. Kindle.

Bird, M., Channon, C., & Ehrenberg, A. S. C. (1970). Brand image and brand usage. *Journal of Marketing Research, 7* (3), 307-314.

Carroll, L. (2003). *Alice's Adventures in Wonderland and Through the Looking-Glass (Rev. ed.).* Penguin Group. Kindle.

Collins, M. (1971). Market segmentation: The realities of buyer behaviour. *Journal of the Market Research Society, 13* (3), 146-157.

彼得‧杜拉克（Peter F. Drucker），《成效管理》（*Managing for Results*），繁體中文版由天下文化於 2001 年發行。

East, R., Hammond, K., & Gendall, P. (2006). Fact and fallacy in retention marketing. *Journal of Marketing Management, 22* (1-2), 5-23.

Ehrenberg, A. S. C. (1959). The pattern of consumer purchases. *Journal of the Royal Statistical Society. Series C (Applied Statistics), 8* (1), 26-41.

Ehrenberg, A. S. C., Goodhardt, G. J., & Barwise, T. P. (1990). Double jeopardy revisited. *Journal of Marketing, 54* (3), 82-91.

Ehrenberg, A. S. C. (2000). Repeat buying. *Journal of Empirical Generalisations in Marketing Science, 5* (2).

Ehrenberg, A. S. C. (2000). Repeat buying (chapter 6-10). *Journal of Empirical Generalisations in Marketing Science, 5* (3).

Ehrenberg, A. S. C. (2000). Repeat buying (chapter 11-13). *Journal of Empirical Generalisations in Marketing Science, 5* (4).

Ehrenberg, A. S. C. (2000). Repeat buying (appendices). *Journal of Empirical Generalisations in Marketing Science, 5* (5).

Ehrenberg, A. S. C., Uncles, M., & Goodhardt, G. (2004). Understanding brand performance measures: Using dirichlet benchmarks. *Journal of Business Research, 57* (12), 1307-1325.

Fennell, G., & Allenby, G. M. (2002). No brand level segmentation? Let's not rush to judgment. *Marketing Research, 14* (1), 14-18.

Fennell, G., Allenby, G. M., Yang, S., & Edwards, Y. (2003). The effectiveness of demographic and psychographic variables for explaining brand and product category use. *Quantitative Marketing and Economics, 1* (2), 223-244.

Goodhardt, G. J., Ehrenberg, A. S. C., & Chatfield, C. (1984). The Dirichlet: a comprehensive model of buying behaviour. *Journal of the Royal Statistical Society, Series A (General), 147* (5), 621-655.

Graham, C., Bennett, D., Franke, K., Henfrey, C. L., & Nagy-Hamada, M. (2017). Double jeopardy-50 years on. Reviving a forgotten tool that still predicts brand loyalty. *Australasian Marketing Journal (AMJ), 25* (4), 278-287.

Hammond, K., Ehrenberg, A. S. C., & Goodhardt, G. J. (1996). Market segmentation for competitive brands. *European Journal of Marketing, 30* (12), 39-49.

Hoek, J., Gendall, P., & Esslemont, D. (1996). Market segmentation: A search for the Holy Grail?. *Journal of Marketing Practice: Applied Marketing Science, 2* (1), 25-34.

Johansson, P., Hall, L., Sikstrom, S., & Olsson, A. (2005). Failure to detect mismatches between intention and outcome in a simple decision task. *Science, 310* (5745), 116-119.

John, L. K., Emrich, O., Gupta, S., & Norton, M. I. (2017). Does "liking" lead to loving? The impact of joining a brand's social network on marketing outcomes. *Journal of Marketing Research, 54* (1), 144-155.

丹尼爾・康納曼（Daniel Kahneman），《快思慢想》（*Thinking, Fast and Slow*），繁體中文版由天下文化於 2012 年發行。

丹尼爾・康納曼、奧利維・席波尼（Olivier Sibony）、凱斯・桑思汀（Cass R. Sunstein），《雜訊：人類判斷的缺陷》（*Noise: A Flaw in Human Judgment*），繁體中文版由天下文化於 2021 年發行。

Keller, K. L. (1993). Conceptualizing, measuring, and managing customer-based brand equity. *Journal of Marketing, 57* (1), 1-22.

Kennedy, R., & Ehrenberg, A. S. C. (2001). There is no brand segmentation. *Marketing Research, 13* (1), 4-7.

Khan, B., Kalwani, M., & Morrison D. (1988). Niching versus change-of-pace brands: Using purchase frequencies and penetration rates to infer brand positioning. *Journal of Marketing Research, 25* (4), 384-90.

岸政彥、石岡丈昇、丸山里美（2016），《質性社會調查的方法：了解他人合理邏輯的社會學》（質的社会調査の方法：他者の合理性の理解社会学，書名暫譯），有斐閣出版。

菲利浦・科特勒（Philip Kotler）、凱文・藍恩・凱勒（Kevin Lane Keller），《行銷管理學》（*Marketing Management, 12th ed.*），繁體中文版由台灣培生教育出版於 2006 年發行。

McGuinness, D., Gendall, P., & Mathew, S. (1992). The effect of product sampling on product trial, purchase and conversion. *International Journal of Advertising, 11* (1), 83-92.

McPhee, W. N. (1963). *Formal theories of mass behaviour*. The Free Press of Glencoe.

森岡毅，《雲霄飛車為何會倒退嚕？創意、行動、決斷力，日本環球影城谷底重生之路》（USJのジェットコースターはなぜ後ろ向きに走ったのか？V字回復をもたらしたヒットの法則），繁體中文版由麥浩斯於 2016 年發行。

森岡毅、今西聖貴，《機率思考的策略論：從機率的觀點，充分發揮「數學行銷」的力量》（確率思考の戦略論：USJでも実証された数学マーケティングの力），繁體中文版由經濟新潮社於 2023 年發行。

村山幹朗、芹澤連（2020），《顧客體驗行銷：解讀顧客的變化，複製「暢銷」》（顧客体験マーケティング：顧客の変化を読み解いて「売れる」を再現する，書名暫譯），Impress 出版。

Reichheld, F. F., & Sasser, W. E. (1990). Zero defections: Quality comes to services. *Harvard Business Review, 68* (5), 105-111.

Romaniuk, J., Bogomolova, S., & Riley, F. D. (2012). Brand image and brand usage: Is a forty-year-old empirical generalization still useful?. *Journal of Advertising Research, 52* (2), 243-250.

Romaniuk, J., & Sharp, B. (2022). *How brands grow part2: Including emerging markets, services, durables, B2B and luxury brands (Rev. ed.)*. Oxford University Press. Kindle.

Sharp, B. (2010). *How brands grow: What marketers don't know*. Oxford University Press.〔シャープ, B. ／加藤巧（監修）・前平謙二（訳）（2018）『ブランディングの科学：誰も知らないマーケティングの法則11』朝日新聞出版〕

羅里・薩特蘭（Rory Sutherland），《人性鍊金術：奧美最有效的行銷策略》（*Alchemy: The Dark Art and Curious Science of Creating Magic in Brands, Business, and Life*），繁體中文版由天下文化於 2020 年發行。

理查・薩頓（Richard S. Sutton）、安德魯・巴托（Andrew G. Barto），《強化學習深度解析》（*Reinforcement Learning: An Introduction*），繁體中文版由碁峰資訊於 2021 年發行。

土屋哲雄（2020），《Workman 式的「無為經營」——開發出 4 千億日圓市場白地的祕密》（ワークマン式「しない経営」——4000 億円の空白市場を切り拓いた秘密，書名暫譯），鑽石社出版。

Tversky, A., & Kahneman, D. (1973). Availability: A heuristic for judging frequency and probability. *Cognitive Psychology, 5* (2), 207-232.

Wind, Y. (1978). Issues and advances in segmentation research. *Journal of Marketing Research, 15* (3), 317-337.

Wright, M. (1996). The dubious assumptions of segmentation and targeting. *Management Decision, 34* (1), 18-24.

Yang, S., Allenby, G. M., & Fennell, G. (2002). Modeling variation in brand preference: The roles of objective environment and motivating conditions. *Marketing Science, 21* (1), 14-31.

Yuspeh, S., & Fein, G. (1982). Can segments be born again?. *Journal of Advertising Research, 22* (3), 13-22.

新商業周刊叢書 BW0821

# 為什麼他不跟你買東西
有效開拓市場、提升業績，第一本理解「未顧客」的行銷框架與實務

| | |
|---|---|
| 原 文 書 名／ | 「未」顧客理解　なぜ、『買ってくれる人＝顧客』しか見ないのか？ |
| 作　　　　者／ | 芹澤連 |
| 譯　　　　者／ | 駱香雅、張嘉芬 |
| 編 輯 協 力／ | 李晶 |
| 責 任 編 輯／ | 鄭凱達 |
| 版　　　權／ | 吳亭儀 |
| 行 銷 業 務／ | 周佑潔、林秀津、黃崇華、賴正祐、郭盈均 |
| 總 編 輯／ | 陳美靜 |
| 總 經 理／ | 彭之琬 |
| 事業群總經理／ | 黃淑貞 |
| 發 行 人／ | 何飛鵬 |
| 法 律 顧 問／ | 台英國際商務法律事務所　羅明通律師 |
| 出　　　版／ | 商周出版 |

　　　　　　　　臺北市 104 民生東路二段 141 號 9 樓
　　　　　　　　電話：(02) 2500-7008　傳真：(02) 2500-7759
　　　　　　　　E-mail: bwp.service @ cite.com.tw

| 發　　　　行／ | 英屬蓋曼群島商家庭傳媒股份有限公司　城邦分公司 |
|---|---|

　　　　　　　　臺北市 104 民生東路二段 141 號 2 樓
　　　　　　　　讀者服務專線：0800-020-299　24 小時傳真服務：(02) 2517-0999
　　　　　　　　讀者服務信箱 E-mail: cs@cite.com.tw
　　　　　　　　劃撥帳號：19833503　戶名：英屬蓋曼群島商家庭傳媒股份有限公司城邦分公司

| 訂 購 服 務／ | 書虫股份有限公司客服專線：(02) 2500-7718；2500-7719 |
|---|---|

　　　　　　　　服務時間：週一至週五上午 09:30-12:00；下午 13:30-17:00
　　　　　　　　24 小時傳真專線：(02) 2500-1990；2500-1991
　　　　　　　　劃撥帳號：19863813　戶名：書虫股份有限公司
　　　　　　　　E-mail: service@readingclub.com.tw

| 香港發行所／ | 城邦（香港）出版集團有限公司 |
|---|---|

　　　　　　　　香港灣仔駱克道 193 號東超商業中心 1 樓
　　　　　　　　E-mail: hkcite@biznetvigator.com
　　　　　　　　電話：(852) 25086231　傳真：(852) 25789337

| 馬新發行所／ | 城邦（馬新）出版集團 Cite (M) Sdn. Bhd. |
|---|---|

　　　　　　　　41, Jalan Radin Anum, Bandar Baru Sri Petaling, 57000 Kuala Lumpur, Malaysia.
　　　　　　　　電話：(603) 9056-3833　傳真：(603) 9057-6622　E-mail: services@cite.my

| 封 面 設 計／ | 萬勝安 |
|---|---|
| 印　　　刷／ | 鴻霖印刷傳媒股份有限公司 |
| 經 銷 商／ | 聯合發行股份有限公司　電話：(02) 2917-8022　傳真：(02) 2911-0053 |

　　　　　　　　地址：新北市新店區寶橋路 235 巷 6 弄 6 號 2 樓

■ 2023 年 5 月 9 日初版 1 刷　　　　　　　　　　　　　Printed in Taiwan

國家圖書館出版品預行編目 (CIP) 資料

為什麼他不跟你買東西：有效開拓市場、提升業績，第一本理解「未顧客」的行銷框架與實務 / 芹澤連著；駱香雅，張嘉芬譯. -- 初版. -- 臺北市：商周出版：英屬蓋曼群島商家庭傳媒股份有限公司城邦分公司發行, 2023.05
　面；　公分. -- ( 新商業周刊叢書；BW0821)
譯自："未"顧客理解　なぜ、『買ってくれる人＝顧客』しか見ないのか？
ISBN 978-626-318-635-4（平裝）

1.CST: 銷售 2.CST: 行銷策略

496.5　　　　　　　　　　　　112003385

MIKOKYAKU RIKAI NAZE KATTE KURERU HITO = KOKYAKU SHIKA MINAINOKA? written by Ren Serizawa
Copyright © 2022 by Collexia, Inc All rights reserved.
Originally published in Japan by Nikkei Business Publications, Inc.
Traditional Chinese translation rights arranged with Nikkei Business Publications, Inc. through Bardon-Chinese Media Agency
Traditional Chinese translation published by Business Weekly Publications, a division of Cité Publishing Ltd.

**定價 410 元（紙本）/ 280 元（EPUB）**　版權所有，翻印必究
ISBN: 978-626-318-635-4（紙本）/ 978-626-318-637-8（EPUB）

城邦讀書花園
www.cite.com.tw